Mustafa Erden

Seramik Endüstrisinde Sentetik Plastik Kullanımı

Mustafa Erden

Seramik Endüstrisinde Sentetik Plastik Kullanımı

Türkiye Alim Kitapları

Impressum / Yayınevi adı
Bibliografische Information der Deutschen Nationalbibliothek: Die Deutsche Nationalbibliothek verzeichnet diese Publikation in der Deutschen Nationalbibliografie; detaillierte bibliografische Daten sind im Internet über http://dnb.d-nb.de abrufbar.

Deutsche Nationalbibliothek tarafından yayınlanan bibliyografik bilgiler: Deutsche Nationalbibliothek, bu yayını Deutsche Nationalbibliografie'de listeler; detaylı bibliyografik bilgi İnternet'te http://dnb.d-nb.de sitesinde mevcuttur.

Coverbild / Kitap kapağı resmi: www.ingimage.com

Verlag / Yayıncı:
Türkiye Alim Kitapları
ist ein Imprint der / yayınevinin bir ticari markasıdır
OmniScriptum GmbH & Co. KG
Heinrich-Böcking-Str. 6-8, 66121 Saarbrücken, Deutschland / Almanya
Email / E-posta: info@turkiye-alim-kitaplary.com

Herstellung: siehe letzte Seite /
Basım yeri: son sayfaya bakın
ISBN: 978-3-639-67225-1

Zugl. / Approved by: İstanbul,Mimar Sinan Üniversitesi,2004

İÇİNDEKİLER

Sayfa no.

ÖNSÖZ

Organik malzemeler grubu içerisinde yer alan sentetik plastik malzemeler, doğal plastiklerin yetersizliği göz önüne alınarak 18. yüzyıl sonlarında keşfedildi. 20. yüzyıla kadar polimer kimyası büyük gelişmeler kaydetti. Özellikle endüstriyel üretimlerde, alternatif yeni bir malzeme türü olan sentetik plastik malzemeler, birçok üretim yöntemlerinde tercih edilmeye başlandı. Diğer malzeme türlerine göre daha avantajlı özelliklerinin olması, tercih edilmesinin en önemli nedenidir. Hayatımızın birçok yerinde karşılaştığımız sentetik plastikler, toplumsal hayatın her alanında yerini almaya başlamıştır. Sentetik plastik malzemelerin gelişimi, bir çok sektör tarafından yakın olarak takip edilmektedir.

Seramik sektöründe yoğun olarak kullanılan alçıya alternatif olarak kullanılmaya başlanan sentetik plastikler, üretim yöntemi aşamalarında ve seramik kalıp tekniklerinde yaygın olarak kullanılmaktadır. Alçıya oranla tercih edilmesinin en önemli nedeni alçının bazı dezavantajlarının olmasıdır. Özellikle alçının kırılgan, aşınmaya müsait ve genleşme gibi yapısal özellikleri sentetik plastik malzeme kullanımını kaçınılmaz bir hale getirmiştir. Aynı zamanda sentetik plastik malzemelerin özelliklerinin çokluğu, seramik endüstrisinde kullanım alanlarını genişletmiştir.

20. yüzyıl başlarında seramik endüstrisinde kullanılmaya başlanan sentetik plastik kullanımı hızla artmaktadır. Polimer kimyanın gelişmeye açık olan kimyasal yapısı ile birçok yeni ürünler geliştirilmektedir. Ürün çeşitlerinin çokluğu ve gelişime uygun yapısı ile sentetik plastik malzemeler, çağımızın en önemli malzemelerinden bir tanesidir.

ÖZET

Organik malzemeler grubu içerisinde yer alan plastikler yüzyılımızın önemli bir malzemesidir. Plastikler, doğal ve sentetik plastiklerden oluşmaktadır. Organik kimyada reaksiyon türleri içerisinde yer alan polimerileşme reaksiyonu sonucu oluşan sentetik plastiklerden, bugüne kadar birçok plastik keşfedilmiştir. Her plastik çeşidinin kendisine has kimyasal reaksiyonundan dolayı yapısal özellikleri farklılıklar gösterir. Malzeme çeşidinin çokluğu ve yapısal özelliklerin çeşitliliği göz önüne alındığında plastik çeşitlerinin her türlü üretim alanlarında kullanılmasına neden olmuştur. Günlük yaşantımızın her kesiminde plastiklerle karşılaşmaktayız.

Endüstriyel seramik kalıp ve üretim teknolojisinde sentetik plastik malzemelerin kullanılmasıyla birçok avantajlar sağlanmıştır. Bu avantajlardan dolayı seramik sektöründeki kullanımı hızla artmaktadır. Kalıp tekniklerinde kullanılan alçı yerini yavaş yavaş sentetik plastiklere bırakmaktadır. Alçı ile gerçekleştirilen model, model kalıbı, teksir kalıbı ve iş kalıbı yapım aşamalarında, artık sentetik plastikler yoğun olarak kullanılmaktadır. Sağlık gereçleri üretiminde kullanılan basınçlı döküm sisteminde yer alan sentetik reçinelerin kullanılmasıyla, üretim aşamalarında büyük kolaylıklar sağlanmıştır.

Sentetik plastik malzemenin özellikleri, biçimin özellikleri, sentetik plastiğin kullanılacağı aşama, ekonomik etkenler ve üretim kapasitesi seramik endüstrisinde sentetik plastik kullanımını belirleyen etkenlerdir. Kullanılacak olan sentetik malzeme seçiminde, bu aşamalar göz önüne alınarak belirlenmelidir. Seçilen malzemeler bazı kriterler içerisinde kullanılmalıdır. Bu kriterlere uyulmadığı takdirde hem çalışmaya hem de kişiye zarar veren sonuçlar ortaya çıkabilir.

Seramik endüstrisinde sentetik plastik malzeme kullanımı ile, ürün kalitesi yükselmiş, kalıp kullanım süreleri uzamış, enerji tasarrufu sağlanmış, ölçü toleransları korunmuş ve üretim hızlanmıştır. Bu gibi birçok avantajlar nedeni ile sentetik plastik kullanımı seramik endüstrisinde yaygınlaşmaktadır.

ANAHTAR KELİMELER: Seramik, Endüstriyel Seramik Üretimi, Sentetik Plastikler, Epoksi, Silikon, Poliüretan, Poliamid, Kestamid, Sentetik Reçine, Kalıp.

SUMMARY

The plastics taking place within the group of organic materials is an important material of our century. Plastics are composed of natural and synthetic plastics. Up to now many plastics were invented from the synthetic plastics composed as a result of polymerisation reaction taking place in reaction types in organic chemistry. Because of the unique chemical reaction of each plastic type, their structural properties show differences. When the material type amplitude and the variety of structural properties are considered, it resulted in using the types of plastic in all kind of production fields. We face plastics in every section of our daily life.

Upon the start of using synthetic plastic materials in industrial ceramic mould and production technology, many advantages occurred. Because of these advantages, its use in ceramics sector increasingly shows growth. Synthetic plastics replace plaster, which is used in mould techniques gradually. The model realized through plaster, at the phase of model mould, duplicating mould and work mould construction, now synthetic plastics are intensively used. Upon the start of use of synthetic reclines taking place in pressed cast system used in health device production, much big easiness was provided at the phases of production.

The properties of synthetic material, the properties of form the phase where the synthetic plastic shall be use, economic factors and production capacity, are the factors determining the use of synthetic plastic in ceramic industry. In selection of the synthetic material to be used, they should be determined by taking these phases into account. Selected materials should be used within certain criteria. If these criteria are not complied with, there may arise some results which both shall damage working and people.

Upon the synthetic plastic material use in ceramic industry, the production quality grew, mould use periods were extended and energy saving was made, measure tolerances were maintained and production was accelerated. For advantages such as these, the use of synthetic plastic has become widespread in ceramic industry.

Key Words: Ceramic, Industrial Ceramic production, synthetic plastics, epoxy, silicon, polyurethane, polyamide, kestamid, synthetic recline, mould

RESİMLER LİSTESİ

ÇİZİMLER LİSTESİ

ŞEMALAR LİSTESİ

GİRİŞ

20.yüzyıldaki teknolojik gelişmeler paralelinde, sentetik plastik malzemelerin Endüstriyel Seramik kalıp ve üretim teknolojisinde kullanımına yönelik bu araştırmada, organik malzemeler grubu içerisinde yer alan sentetik plastiklerin seramik endüstrisine getirdiği avantaj ve dezavantajların ortaya konması amaçlanmıştır. Bu çalışma hazırlanırken, yerli ve yabancı kaynaklardan, bilgi iletişimin yoğun olarak kullanıldığı İnternet'ten, firma tanıtım katalog ve broşürlerinden yararlanılmıştır. Aynı zamanda tez ile ilgili birçok firma yetkilisi ile kişisel görüşmeler yapılmış ve incelemelerde bulunulmuştur.

Üç bölümden oluşan çalışmada, birinci bölüm organik malzemeler grubu içerisinde yer alan plastik malzemelerin, kimyasal yapıları, çeşitleri ve özelliklerinin anlatılmasından oluşmaktadır. Organik Kimya çok geniş bir alana yayıldığında bu bölümde plastikler genel bir bakış ile sınırlandırılmıştır.

İkinci bölümde Endüstriyel Seramik üretim yöntemlerine yüzeysel değinilerek, sentetik plastik malzeme kullanımının, yöntem ve teknikleri incelenmektedir. Endüstriyel seramik üretim yöntemleri sağlık gereçleri, tuğla ve kiremit, karo, sofra ve süs eşyası üretimi olarak sınırlandırılmıştır.

Üçüncü bölümde ise Seramik Endüstrisinde kullanılan sentetik plastik malzemelerin kazandırdığı avantaj ve dezavantajların yanı sıra malzeme seçimini belirleyen etkenler anlatılmaktadır.

Plastikler, bilimsel olarak polimerler adı ile tanımlanır. Bu terminolojiye birinci bölümde yer yer değinilmekle beraber, tez genelinde, malzeme biliminde yer alan plastik terminolojisi kullanılmaktadır. Teknolojik gelişmenin hızlı ilerlemesi, bu konu ile ilgili yayınların sınırlı olması, konunun araştırılmasında daha çok kişisel görüşmelerden ve firmaların incelemesinden faydalanmaya neden olmuştur. Seramik kalıp üretiminde kullanılan sentetik plastik malzemelerin satışını yapan Eker Kimya, Elpo, Poliya ve Vantico Firmasında kişisel görüşme ve incelemeler yapılmıştır. Aynı zamanda üretim yöntemlerinde kullanılan sentetik plastik malzemeler için Kale-Roca firması ile görüşme ve incelemelerde bulunulmuştur.

I.BÖLÜM

1.ORGANİK KİMYA İÇERİSİNDE YER ALAN PLASTİK MALZEMELER

Kimya dalının içerisinde yer alan Organik Kimya 1830'lu yıllardan beri ayrı bir bilim dalı olarak incelenmektedir. Doğal plastiklerin yetersizliği göz önüne alınarak, organik reaksiyon türleri içerisinde bulunan polimerleşme reaksiyonları ile ilk sentetik plastikler bulunmuştur. Bu reaksiyon türü ile birçok plastik türleri keşfedilmiştir.

Organik Kimya

Bütün yaşantımız organik maddeler arasında geçmektedir. Yiyeceklerimiz, giyeceklerimiz, temizlik maddelerimiz, ilaçlarımız, kozmetik maddeler, boyalar, yakıtlar vb. ürünler günlük yaşantımızın birer parçasıdır ve bunların bileşenlerinin yüzde doksandan fazlası organik bileşiklerdir.

" Organik Kimya, karbon bileşiklerinin kimyasıdır. Doğada bulunan 92 elementin her birinin özellikleri, bileşikleri, reaksiyonları gibi konuları içeren bir kimyası vardır. Ancak hiçbir elementin kimyası, karbon kimyası yani organik kimya kadar geniş kapsamlı değildir. Günümüzde, incelenip yayınlanmış olan organik bileşiklerin sayısı bir milyonu geçmiştir ki bu sayı, geride kalan bütün element bileşiklerinin sayısından çok daha fazladır. Organik reaksiyon türleri, çeşitlilikleri de diğer elementlerinkinden daha kapsamlıdır. Ayrıca, kuramsal olarak organik bileşiklerin sayısı sonsuzdur ki böyle bir özellik diğer elementlerde yoktur. Organik bileşiklerin analizi, sentezi ile özelliklerinin ve niteliklerin incelenme yöntemleri diğer kimya dallarından oldukça farklılıklar gösterir. Bütün bu nedenlerden ötürü 1830'lu yıllardan beri Organik Kimya ayrı bir bilim dalı olarak gelişmiştir.

Organik bileşikler kovalent bağlı bileşiklerdir ve bundan beklenen özellikleri gösterirler. Erime noktaları (E.N.) ve kaynama noktaları (K.N.), iyon yapılı birçok inorganik bileşiklerin aksine fazla yüksek değildir, genelde 300^0C' nin altındadır. -OH, -COOH, $-NH_2$ gibi hidrofil grup içermeyen plastikler suda çözünmezler, ama eter, benzin, kloroform, karbon tetraklorür gibi hidrofobi nitelikte olan organik çözücülerde çözünürler. Sayıları 10'un altında olan kimi organik bileşikler dışarıda tutulursa, bütün organik bileşiklerde C-H bağı bulunur. H elementi de C gibi organik kimyanın vazgeçilmez bir elementidir. C-H bağının elektronlarını -verme-eğiliminden dolayı, organik bileşikler indirgendir ve de göreceli olarak düşük aktivasyon enerjisiyle bu elektronları oksijene aktarabildiklerinden dolayı yanıcıdırlar. Organik bileşiklerin sayılarının pek çok olmasının nedeni, karbon atomunun bağ yapma özelliğinden ileri gelir. "[1]

1.1 Plastikler

" Plastikler veya polimerler genellikle metal olmayan elemanlardan oluşan kovalent bağlı malzemelerdir. Monomer denilen molekül bireyleri birbirlerine kovalent bağlarla eklenerek çok büyük, dev moleküllere dönüştürülür ve dolayısıyla polimer adını alırlar. Bu tür malzemeler üretimlerinin belirli aşamasında yumuşayarak plastik kıvam aldıktan ve sonra bir kalıba enjekte edilerek şekil verildiklerinden plastik adını almışlardır.

Plastikler kovalent bağın sürekliliği ve atomların diziliş biçimine göre iki tür moleküler yapıya sahiptirler. Lineer polimer denen birinci türde molekül birimleri veya merler kovalent bağlarla bir boyutta zincir şeklinde dizilirler, moleküller arası bağlar zayıf türdendir. Isıtılınca zayıf bağlar koptuğundan kolayca yumuşarlar, soğuyunca sertleşirler ve tekrar kullanılabilirler. Endüstride bunlara termoplsatikler denir.

---

[1] Celal Tüzün, Organik Kimya, s. 81

Uzay ağı polimerleri denen ikinci bir yapıda üç veya daha fazla reaksiyon bağına sahip merler üç boyutlu uzayda sürekli kovalent bağ ağı oluştururlar. Bu tür polimerler üretim süresinde sertleştikten sonra ısıtılma ile yumuşamazlar, aşırı sıcaklıkta kovalent bağlar koparak parçalanır, dolayısıyla tekrar kullanılamazlar. Bu tür polimerlere termoset plastikler denir.

Polimerlerin genel özellikleri moleküler yapıya bağlıdır. Elemanlarda kovalent bağ sayısı en fazla 4 olabileceğinden hacimsel atom yoğunluğu küçüktür, bu nedenle özgül ağırlığı düşük ve hafif malzemelerdir. Özgül ağırlıkları çoğunlukla 2 g/cm^3 ün altındadır. Polietilen sudan hafif olup özgül ağırlığı 0.92-0.96 g/cm^3 arasındadır. Polimerlerin ısıl ve elektriksel iletkenlikleri çok düşüktür, yalıtım malzemesi olarak kullanılmaya elverişlidirler. Saf halde genellikle saydamdırlar, ışığı geçirirler, bununla beraber en kötü yansıtıcıdırlar. Lineer polimerler yumuşak olup kolay şekil değiştirirler, uzay ağı polimerleri ise sert ve gevşektir, şekil değiştiremezler. "[2]

Plastiğin Tanımı

" Yunanca Flastikos, Latince Flasticus sözcüklerinden gelen Plastik biçim verme, biçimlendirme anlamlarını taşır. "[3]

"Plastikler modern yaşamın vazgeçemediği temel maddelerinden biridir. Plastik ansiklopedisi, -içinde dolgu maddesi, boya ve diğer çeşitli katkılar bulunan polimer malzemenin, kalıplanıp işlenmiş, kullanıma hazır şeklini- plastik olarak tanımlar. Anlaşılacağı üzere, plastiklerin ana yapı taşları yukarıda da belirtildiği gibi, polimerlerdir ve bir plastik malzemenin temel özelliklerinin büyük ölçüde içindeki polimerlerce saptanacağını düşünmek yanlış olmayacaktır.

---

[2] Prof.Ahmet Aslan, Malzeme Bilimi, s. 29

[3] A.g.k., s. 1

Polimer kelimesi, yunanca -polemeros-, yani (çok parçalı, çok bireyli) anlamındadır. Polimerler tekrarlanır birimlerden oluşan büyük moleküller içerirler. Büyük moleküller, bu sistemlere diğerlerinden farklı birçok üstün özellik kazandırabilmektedir. Bilinen diğer malzemelerde, sistemleri oluşturan molekül veya atomlar çok daha küçük boyutlarda bulunurlar. Polimerlerde ise bu bireylerin birbirlerine sağlam bağlarla bağlanarak uzun ve büyük moleküller oluşturmaları söz konusudur. Bu polimer molekülleri, normal molekül boyutlarından büyük olmalarına karşın yinede ışığın dalga boyundan çok küçük olduğundan gözlenemezler. Molekül boyutları ile ilgili bir örnek verecek olursak: Çapı 2.5 x 10^{-10} mikron olan bir demir atomu düşünelim. Bu atomu bir nokta ile gösterelim. Aynı ölçekte, (nokta=2.5 x 10^{-5} mikron) bir teflon molekülünü dikkate alırsak bunun büyüklüğü 127 mikron olacaktır.

Bu dev polimer moleküllerinin oluşturduğu plastikler ise, kullanım kolaylıkları, ucuzluk ve dayanımları, kolay işlenebilme gibi özellikleri nedeniyle kağıt, karbon, cam, demir, pamuk gibi ürünlerin yerini almakta, ayrıca enerji, sulama, ulaşım gibi çeşitli projelerde yaygın olarak kullanılmaktadır.

Polimer moleküllerine has uzun zincir yapısı nedeniyle, polimer malzemelerin yoğunlukları, bilinen diğer malzemelere kıyasla küçüktür. Bu nedenle plastiklerde yoğunluk değerleri, genellikle 0.9-1.4 g/cm^3 sınırındadır. Polimer zincirine ağır elementler (örneğin, Florür) eklenmesi halinde ise, yoğunluk bir miktar artabilir. (politetraflouretilen polimer moleküllerinden oluşan -Teflon- için bu değer 2.2'dir. Oysa metallerde yoğunluk değerleri çok daha yüksektir (bakır için 8.9, çelikte 7.6 iken en hafif metal olarak bilinen alüminyumda 2.7 g/cm^3). Bu ise, alüminyuma kıyasla, polivinilklorür malzemenin (yoğunluk: 1.38) iki kat daha hafif olması demektir. Polietilen ile kıyaslandığında (yoğunluk: 0.91-0.96) bu oranın, daha da büyük olması beklenecektir. Plastik malzemelerde yoğunluğun az olması, hacim bazında düşünüldüğünde önemli üstünlükler sağlamaktadır. Bu nedenle, ağırlığın kritik olduğu bütün sektörlerde olduğu gibi uzay ve otomotiv sanayilerinde de plastik malzeme vazgeçilemez bir element olarak kullanılmaktadır.

Polimer endüstrisinin dinamik yapıda olmasında bir diğer önemli etken de ekonomik açıdan düşünüldüğünde şüphesiz, birim hacim bazında düşünüldüğünde, polimer üretimi için kullanılması gerekli enerji miktarıdır. Metal malzemeler için gerekli enerji ile plastik üretimi için gerekli enerji miktarıdır. Metal malzemeler için gereken değerler arasında önemli farklar vardır ve bu değerler, plastikler lehine 2 ila 5 kez azdır.

Bir plastik malzemenin ne kadar yumuşak ya da ne kadar sert olacağı, mekanik özellikleri, dayanımı gibi bir çok unsuru, şüphesiz malzemeyi oluşturan polimerler sınırlandırır.

Böylece, yaşantımızın hemen her safhasında, çeşitli nedenlerle kullandığımız plastiklerle, bir anlamda polimeri de bolca kullanmakta olduğumuz anlaşılıyor. Çevremize baktığımızda, üzerinde oturduğumuz koltuk (büyük olasılıkla yapay deriden yapılmıştır ve polivinilklorür polimerini içerir) koltuğun içerisindeki sünger doku (poliüretan polimerleri), ayağımızın altındaki (akrilik), camdaki perdeler (poliester), gözlük kılıfı (selüloz asetat) gibi örnekler hep polimerlerden oluşmaktadır. Petrole dayalı olarak ve insanoğlunun ürettiği bu (sentetik polimer)in dışında, canlılar doğasının da yukarıda belirtildiği gibi, (doğal polimerlere) dayandığını hatırlamak yerinde olacaktır. Dolayısıyla polimerlerin egemenliği, bizzat vücudumuzdan başlayarak (yumuşak doku, saçlar gibi) geniş bir alana yayılmaktadır.

Günümüzde, doğal ve yapay olarak toplam 300.000 civarında değişik polimer türü olduğu bilinmektedir. Biz yakın çevremizde bunlardan ancak 5 veya 10 tanesi ile etkileşim içindeyiz ve polietilen, polivinilklorür, poliester, naylon, teflon... isimleri bize bu açıdan hiç yabancı gelmeyecektir.

Yukarıda sıraladığımız beş örnek için bir seri farklı kullanım yerleri aklımıza gelmekte. Örneğin poşet için polivinilklorür veya teflon değil, polietileni kullanıyoruz. Sunni deri yapısında polietilen değil, polivinilklorür ideal olarak kullanılmakta. Perdelik kumaş veya şişe olarak kullanımda ise polietilen aklımıza dahi gelmiyor, poliesterleri kullanıyoruz. Mutfaklarımızda yağ kullanmadan biftek veya yumurta pişirmek istediğimizde ise, yüzey özellikleri nedeni ile yapışmayan "teflon tavalar" kullanıyoruz. Sıralanan beş farklı polimerin, birbirinden farklı olan çeşitli uygulama ve kullanım yerleri bulunuyor. Kullanım sınırlarını ve değişik malzeme özelliklerini ise, her birini oluşturan polimerlerin farklılığı belirlemektedir. Bu sonuca, bilinen 300.000 farklı polimer molekülünün mevcudiyeti eklenirse; kullanım yerleri ve özellikleri farklı, ne kadar büyük bir polimer ailesinin bulunduğu ve bunların ne kadar çok özelliklere sahip oldukları anlaşılacaktır. Bu kadar zengin bir özellik yelpazesine, başka hiçbir malzemede rastlanmamaktadır. "[4]

Plastiğin Tarihçesi

" İlk yarı-sentetik plastik bir kaza sonucu keşfedilmiştir. 1848 yılında İsveçli Kimyacı Christian Friedrich Schoenbein (1799-1868) sülfürik ve nitrik asit karışımını laboratuar ortamında kaynatmaktadır. Karışımı yere dökülür ve kimyacı pamuktan yapılmış önlüğü ile yeri siler, önlüğü suyla durular ve kuruması için sıcak sobanın üstüne asar. Önlük kuruduktan hemen sonra birden alevler saçarak yanar ve kül olur. Artık nitroselüloz keşfedilmiştir. "[5]

" Sentetik plastiklerde 1863 tarihi bir başlangıç tarihi olarak karşımıza çıkar. 1863 yılında, New York'ta küçük bir matbaa işçisi olan J.W. Hyatt'ın dikkati, 10.000 dolar ödüllü ilginç bir yarışma duyurusu tarafından çekilir. Bu ödül, doğal fildişinden üretilen bilardo toplarının yerini alabilecek nitelikte bir madde bulana, iki Amerikalı işadamı tarafından önerilmektedir. Bu maddenin, sertliğiyle, kalıcılığıyla ve eğer olanaklıysa, görünüşüyle doğal fildişine benzemesi gerekiyordu.

---

[4]Akovalı,G., Polimerik İleri Malzemeler , s. 34,

[5] http://www.cankarplastik.com/plastik/plastik.php

Kardeşinin de yardımıyla J.W.Hyatt çalışmaya koyulur ve yedi yıllık bir araştırma sonucunda iki kısım Nitroselüloz'la bir kısım Kafuru'yu sıcakta karıştırarak bir eriyik bulur. Böylece 1870 yılında "Selüloit" doğar. Katı fakat soğukta belirli bir elastiziteye sahip , sıcakta çok iyi çalışılabilen Selüloit birçok uygulama alanı bulur.

Selüloit Nitroselüloz'un Kafuru'yla karıştırılmasından elde edilen Selüloit, saydam, yarısaydam, opak ve her tür renklendirmeye olanaklı ilk yapay plastiktir. Selüloit 30 yıl kadar endüstriyel olarak üretilen tek sentetik plastik malzeme olarak kalmıştır. 1900 yıllarında Formol ve süt Kazeini'nden hareket ederek yeni bir madde önemli oranda üretilmeye başlanır. Galalit adı verilen bu madde düğme Karozo, Boynuz ve Bağa'nın yerini almaktadır. 1922 - 1929 yılları arasında çok önemli bir gelişme gösteren Galalit günümüzde endüstride kullanılmamaktadır.

Aynı yıllarda başka bir Sentetik Plastik madde daha pazara çıkar, 1907 yılında Baekeland bu kez Formol ve Fenol'den hareket ederek alkalin bir katalizör aracılığıyla bir Kondanzasyon Reçinesi bulur. Bulucusunun adını alan Bakalit çeşitli kullanımlar için çok sayıda nesnenin gerçekleştirilmesine olanak tanıdığı gibi, bu nesnelerin üretiminde porselenden tahtaya kadar birçok maddenin yerini de almıştır. 1930-1945 yılları arasında İkinci Dünya Savaşı'nın da etkisiyle Plastik Endüstrisi çok gelişme kaydetmiştir ve özellikle 1945'lerden başlayarak, son yıllarda yüzlerce yeni sentetik plastik türü üretilmiştir. "[6]

Plastiklerin Oluşumu

" Plastikler, petrol ve doğalgaz gibi doğal kaynaklardan elde edilen hidrokarbonlar kullanılarak üretilir. Teknik olarak ifade etmek gerekirse plastikler monomerlerin kimyasal bağlarla polimere dönüşmesi ile meydana gelir.

---

[6] Mustafa Ata, Sentetik Plastik Malzemeler, Biçimlendirme Yöntemleri, Sanatta Kullanımı, s. 4,5,6

Sentetik plastiklerin oluşturulması, doğal plastik maddelerin makro moleküller bir yapıya sahip olduklarının gözlenmesi, makro moleküler kimyanın doğuşu ve gelişimiyle bulunmuştur. Basit moleküllerden yola çıkarak doğa, kolaylıkla makro molekül üretebilmektedir. Sentetik plastiklerin üretilmesinin temeli, makro moleküllerin oluşmasında, doğanın kolaylıkla başarabildiği kimyasal tepkimelerin, insan eliyle başlatılmasının yollarının bulunmasına dayanmaktadır. "[7]

Plastik Malzemelerin Diğer Bileşenleri

" Teknikte kullanılan plastikler kullanım amaçlarına uygun olarak birçok yan malzemelerle karıştırılırlar. Bu malzemeleride gruplandırmak mümkündür.

Solventler : İşlemede kolaylık sağlayan bu maddeler saklanma sırasında kararlı, fizyolojik yönden aktif olmayan, renksiz ve berrak maddeler olmalıdırlar. Buharlaşma hızlarına göre hızlı, orta hızlı ve yavaş olarak üçe ayrılırlar.

Hızlı buharlaşanlar	eter, aseton, benzin	1~10
Orta hızlı buharlaşanlar	xylene, butanol, cyclohexanone	12 ~ 163
Yavaş buharlaşanlar	cyclohexanol, glycol	460 ~ 3000

(Eterin buharlaşma hızı 1 alınarak diğerlerin buharlaşma hızları gösterilmiştir.)

Plastifiyanlar : Bunlar viskoz sıvı veya katı olan ve plastiklere esneklik veren, özellikle düşük sıcaklıklarda elastik kalmalarını sağlayan maddelerdir. İyi bir plastifiyan buharlaşmamalı ve karışımda homojen dağılmalıdır. Sulandırıcıları da bu grup içinde sayabiliriz. Bunlar solvent değildir, polimerin çökmesine yol açmadan solüsyonu sulandıran maddelerdir, klorlanmış parafin bu tür malzemeye örnektir.

[7] Mustafa Ata, Sentetik Plastik Malzemeler, Biçimlendirme Yöntemleri, Sanatta Kullanımı, s. 7

Stabilizanlar : Sıcaklık ve ultra viyole ışınlar altında plastiğin bozulmaması için yüzde veya binde, oranında katılan maddelerdir. Bunlar metallerin organik tuzlarıdır. Genellikle kurşun, kalay, baryum, kadmiyum, strontium stearat'lardır. Bu tuzlar zehirlidir. İçme suyu tesislerinde, gıda endüstrisinde kullanılmazlar, onların yerine alkalin metal tuzlarından yararlanılır.

Dolgu Maddeleri : Dolgu madde kullanımında ana amaç maliyeti düşürmektir. Ancak dolgu maddeleri sayesinde sertlik, sıcaklık ve ışığa dayanıklılık, elektriksel direnç veya iletkenlik özellikleri iyileştirilebilir. Mineral kökenliler: Amiant, kuvartz, kaolin, bentonit, metal oksitler (Fe_2O_3, Al_2O_3), metal tozları, cam lifleri._Organik kökenliler: Ahşap, mantar tozları, selüloz, pamuk, kenevir lifleri, naylon, orlon lifleri ve plastik madde artıklarıdır.

Pigmentler : Renklendirme işlerinde kullanılırlar. Pigment reçine ve solvent içinde erimemeli, kararlılığını korumalıdır. Sıcaklık ve ultraviyole'den de etkilenmemelidir. Mineral veya organik olurlar, mineraller daha ağır ve kararlıdırlar ve örtme yetenekleri daha üstündür. Bunlar boya endüstrisinde kullanılan metal oksitler türündedirler.

Katkı maddeleri : Katkı maddeleri tıpkı beton da olduğu gibi belirgin özellikler kazandırılmak üzere kullanılan maddeler olmaktadır.

* "Fungicide" ler (Fünjisit) – Yosun ve mantarlara karşı – Bakır ve kalay organik tuzları.

* "İgnifugane"'lar (alev yayılmasını önleyen maddeler) – Klorlanmış parafinler, antimuan tuzları.

* Antistatik'ler – Elektrostatik olarak toz tutan plastiklerin bu özelliğini nispeten gidermek üzere katılırlar.

* Yağlayıcılar "lübrifian", kolay şekil verilmesi için katılırlar, mumlar, metal sabunlar, kolloidal grafit.

* Kalıptan çıkmayı kolaylaştıran ve kalıba sürülen maddeler – çinko stearat, teflon, silikon vernikleri vb. "[8]

---

[8] Prof. Dr. M. Süheyl Akman, Yapı Malzemeleri, s.137,138

1.2 Plastiklerin Sınıflandırılması

" Bütün plastikler bir polimerleşme süreci sonucunda elde edilir. Plastik maddeler, ısıl sertleşirler (termoset) ve ısıl yumuşarlar (termoplastik) olmak üzere başlıca iki sınıfa ayrılır.(Şema 1)

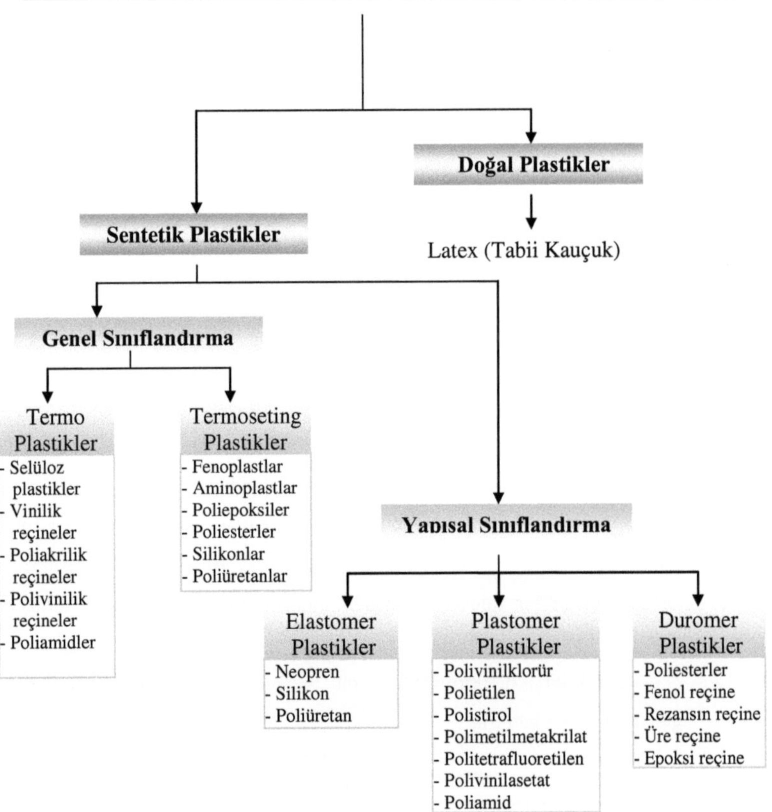

Şema 1: Plastiklerin sınıflandırılması.

Isıl sertleşir reçineler ısıtıldıklarında çözünmez ve erimez. Fenolik reçineler, furan reçineleri, aminoplastlar, alkitler ve doymamış asit poliesterleri, epoksi reçineler, poliüretanlar ve silikonlar ısıl sertleşir reçine türleridir. Isıl yumuşarlar reçineler ise, ısıl sertleşir reçinelerin tersine, birçok kez eritilip sertleştirilebilir.

Selüloz türevleri, katılma polimerleri (Polietilen, polipropilen, vinel akrilikler, flüorokarbon reçineleri ve polistirenler gibi) ve yoğunlaşma polimerleri de (naylonlar, Polietilen tereftalat, polikarbonatlar ve poliamidler gibi) ısıl yumuşar reçinelerdir. Kömür ve selüloz gibi doğal kaynaklardan da plastik üretilmekle birlikte, en önemli plastik hammaddesi kaynağı petroldür. "[9]

1.2.1 Genel Sınıflandırma

"Pratikte plastik malzemeler basınç ve sıcaklık eylemi altındaki davranışlarına göre iki büyük sınıfa ayrılırlar. İki durum söz konusudur;

a- Yeni aldığı biçimde kalabilmesi için uygulanan basıncın kesilmesinden önce, malzemenin soğutulmasının gerekliliği.

b- Biçimin, sıcaklık ve basıncın aynı anda kesilmesi sonucunda bozulmaması.

Termoplastikler : Birinci tipteki plastik malzemeler Termoplastikler ya da Poliplastlar olarak adlandırılırlar. Bu plastikleri mumla karşılaştırırsak; mum oda sıcaklığında katı sert bir maddedir. Fakat sıcaklık etkisinde yumuşar, erir ve döküme gelebilir. Soğutulunca tekrar sertleşir ve döküldüğü kalıbın biçiminde kalır. Bu olay sonsuz olarak yinelenebilir. Termoplastik malzemeler de aynı niteliği gösterir. Termoplastikler başlıca beş grupta değerlendirilmektedirler.

a- Selüloz Plastikler

b- Vinilik reçineler

---

[9] http://www.cankarplastik.com/plastik/plastik.php

c- Poliakrilik reçineler

d- Polivinilik reçineler

e- Poliamidler

Termoseting Plastikler : İkinci tip plastiklerse Termoseting, ya da monoplastlar olarak adlandırılır. Bu tip plastikleri de betonla karşılaştırabiliriz. Beton, suyla kimyasal tepkime sonucunda sertleşen çimento ve kum karışımıdır. Çimento kumun tanelerini birleştiren bir birleştirici olarak göz önüne alınabilir. Suyun neden olduğu kimyasal tepkime sonucunda oluşan yapı kesindir ve döküldüğü biçimi koruyan katı bir madde durumuna gelir. Betonla bu karşılaştırma, Termoseting reçinelerin davranışını anlamak için çok iyi bir benzetmedir.

Karışım kalıba döküldüğünde basıncın ve sıcağın etkisinde plastiğe dönüşür ve kalıbın bütün ayrıntılarını doldurur. Fenol ve Formol'un tepkimesi sonucunda kütle sertleşir, biçim belirlenir ve kesindir. Elde edilen kütle sıcaklık yoluyla yeniden yumuşatılamaz ve daha önce onu eritebilecek kimyasal eriticiler de artık etkilemez. Monoplastlar çokluk polikondanzasyon yoluyla elde edilmiş üç boyutlu makro moleküllerdir. Termoseting plastikler başlıca altı grupta değerlendirilmektedirler.

a- Fenoplastlar

b- Aminoplastlar

c- Poliepoksiler

d- Poliesterler

e- Silikonlar

f- Poliüretanlar "[10]

1.2.2 Yapısal Sınıflandırma

" Plastikler yapısal özelliklere göre 3'e ayrılırlar.

---

[10] Mustafa Ata, Sentetik Plastik Malzemeler, Biçimlendirme Yöntemleri, Sanatta Kullanımı, s. 9,10,11

1.Elastomer plastikler

2.Plastomer plastikler

3.Duromer plastikler

1. Elastomer Plastikler : Yapay ve doğal kauçuk, elastomer plastiklerin en belirgin özelliklerini gösterdikleri cisimlerdir. Elastomer plastikler gevşek bağlı, yumuşak biçimde olan molekül zinciri çekilince uzayabilir. Ancak bırakılınca çapraz bağlarla birbirine bağı olduğu için eski haline gelir. Bunların kimyasal isimleri şöyledir.

a. Neopren

b. Silikon

c. Poliüretan

2. Plastomer Plastikler : Isıtıldıklarında yumuşayan ve biçimlendirilebilen plastiklerdir. Bu gruptaki plastiklerin kimyasal isimleri şöyledir;

a. Polivinilklorür

b. Polietilen

c. Polistirol

d. Polimetil melakrilat

e. Politetrafluoretilen

f. Polivinilasetat

g. Poliamid

3. Duromer Plastikler : Bu plastiğin yapısındaki molekül zincirleri arasındaki çapraz bağlar çoğalırsa plastik esneme yeteneğini kaybeder. Bu tür plastiklere duromer plastikler denir. Üretimi ve biçimlendirilişi sırasında akıcı olan duromer plastikler sertleştikten sonra yeniden akıcı duruma getirilemezler. Kimyasal isimleri şöyledir.

a. Doymamış poliester

b. Fenol-formaldehit

c. Rezorsin-formaldehit reçine

d. Melamin- formaldehit reçine

e. Üre- formaldehit reçine

f. Epoksi reçine "[11]

1.3 Plastik Çeşitleri ve Özellikleri

Plastikler, doğal ve sentetik olarak iki bölümden oluşur. Doğal plastikler 2000 cins bitkiden üretilirler. Bu plastiklere latex veya tabii kauçuk denilmektedir. Sentetik plastiklerden poliester, poliüretan, polipropilen, politetrafluoretilen, poliasetal, epoksi reçine, poliamid, polietilen ve reçineler polimerleşme reaksiyonu sonucu ile elde edilirken, silikon silisyum ve oksijenin zincirleme birleşmesiyle meydana gelmektedir. Polimerleşme reaksiyonu ile üretilen plastiklerde kendi içlerinde birçok çeşitlere ayrılmaktadır. Bu çeşitlerin çok olması nedeni ile konuya, sınırlandırılmış bir şekilde değinilecektir. Her bir ürünün kendi kimyasal yapılarına göre özellikleri de değişmektedir.

1.3.1 Latex

" Tabii Latex "havea brasiliensis" ağacının kabuğunda spiral şeklinde açılan yarıklardan elde edilen süt görünümünde bir sıvıdır. Plantasyonlarda sabah erkenden yapılan toplama işleminde her ağaçtan yaklaşık 100 cc % 30-40 konsantrasyonda latex elde edilir. 500 tonluk bir latex partisi için 10 milyondan fazla bu işlemin tekrarlandığı hesaplanmıştır. Ham latex kauçuk oksijensiz ortamda 250^0C ye kadar ısıtılırsa, depolimerize olur ve izopren meydana gelir. Ham kauçuğun fiziksel özellikleri zayıftır, esnekliği azdır ve yapışkan bir kütledir, ancak vulkanize edildikten sonra kullanılabilir özellik kazanır. Ameliyat, işçi, bulaşık eldivenleri, yüzücü veya banyo boneleri, oyuncak balonlar, sıkılabilen esnek oyuncaklar, çizme ayakkabı modelleri, sıhhi koruyucu malzeme ve hortum üretilen çok çeşitli ürünlerden bazılarıdır.

[11] www.geocities.com/doris1tr/ahşap/plastik.html

Yaklaşık 2000 cins bitkiden tabii kauçuğa benzeyen polimer elde edilebildiği ve bunların yaklaşık 500'ünden kauçuk cinsleri alınabildiği tespit edilmiştir. Esas üretim "Hevea Brasiliensis" ağacından yapılmaktadır.

Bu ağaç Güney Amerika'da bilhassa Amazon ormanlarında, Malezya ve Endonezya'da yıllık yağışın yıl boyunca 200cm.'nin üstünde, ısının 25-30^{0}C arası olduğu, 300 metrenin altındaki rakımlarda yetişmektedir. "[12]

1.3.2 Sentetik Plastikler

Silikonlar

" Yüzyılımızın ve gelecek yüzyılların vazgeçilmeyecek bir ürünü olan silikon kauçuğu 1945'li yıllardan bu yana ileri teknoloji uygulanan dünya şirketlerinin araştırma-geliştirme laboratuarlarındaki çalışmalarla mükemmelleştirilmiştir. Silikon tıbbi, elektrik-elektronik, ambalaj, havacılık ve uzay endüstrisi gibi birçok alanda kullanılmaktadır. Çok çeşitli ortam şartlarında yüksek uyumluluk ve dayanıklılığı silikonu rakipsiz kılmıştır. İleri teknoloji ürünlerinden bazılarının ekolojik çevre üzerindeki tehditleri bilim çevresince tartışılmaktadır. Silikon ise bu tartışmaların dışında kalmıştır. Çünkü silikon doğal bir üründür. Silikonun ana maddesi dere kumudur. "[13]

" Silikon II. Dünya Savaşı sırasında, askeri uygulamalarda istenen yüksek ısı dayanımı ihtiyacını karşılamak için ticari amaçlarla özellikleri arttırılmıştır. Daha sonraki yıllarda silikonlar üzerinde çalışmalar devam etmiş ve malzemenin gerilme mukavemeti, esneme, sarkma ve direnç özellikleri sürekli geliştirilmiştir.

---

[12] www.kaliteas.com.tr
[13] www.tuncel.com.tr

Özellikle geliştirilen geniş sıcaklık aralıklarına dayanımı ve buna bağlı olarak fiziksel özellikleri, silikonları sentetik polimerlere göre daha üstün kılmıştır. "[14]

Silikonlar aşağıdaki şekillerde satışa sunulur:

* Elastomerler,
* Yapıştırıcılar
* Muhtelif viskoziteli yağlar, gresler,
* Vernik reçineleri,
* Kalıplama tozları

Elastomerler derzlerde mastik olarak kullanılır, aşınmaları minimum düzeydedir, su yalıtımları mükemmeldir. Elektriksel yönden de yalıtkandırlar. Aynı zamanda döküm silikonlarda elastomerler çatısı altında yer almaktadır.

Yağlar ve gresler kimyasal etkilere, iklim şartlarına dayanıklı, donmayan ve yanmayan maddeler (-70~+250^{0}C). Su itme yetenekleri, izolasyon yetenekleri çok yüksektir. Vernik reçineleri dış badana olarak kullanılırlar, suyu itici özelliği mükemmeldir. Silikonlar çok pahalı malzemelerdir. "[15]

Silikonların Kullanım Alanları:

" Uygun özellikleri nedeniyle silikonların geniş kullanım alanları vardır: Kimyasal reaksiyonlara karşı olağanüstü inerttir hiçbir zehirli etkileri yoktur. Örneğin meme ameliyatlarında dolgu maddesi olarak kullanılabilirler. Olağanüstü hidrofob yani suyu itici özellikleri olduğundan yapılarda yalıtım malzemesi olarak kullanılabilirler. Likit olanların sıvı alanları (yani katı hal ile buhar hali arasındaki sıcaklık farkı) çok büyüktür. Yüksek sıcaklıkta bozunmazlar, havada okside olmazlar

---

[14] http://www.alda.com.tr/sssorular.asp#9
[15] Prof. Dr. M. Süheyl Akman, Yapı Malzemeleri, s.120

ve viskozlukları (akıcılıkları) sıcaklıkla çok fazla değişmez. Katı silikonlardan parke ve mobilya cilaları yapılır ve uygun özelliklere sahip tekstil malzemeleri, dokumalar yapılabilir."[16]

Kalıp tekniği ile şekillendirme yöntemine çok uygun bir malzeme olduğu için birçok üretim aşamasında silikondan faydalanılır. Mekanik parça üretimi (Resim 1,2), dekoratif eşya üretimi (Resim 3,4), seramik teksir kalıbı üretimi (Resim 5), mum üretimi (Resim 6), sanat objeleri üretimi (Resim 7,8), inşaat sektöründe kullanılan dekoratif yapı malzemeleri üretimi (Resim 9,10) gibi birçok sektörde kullanılmaktadır.

Resim 1,2 : Silikonun, mekanik parça üretiminde kullanımı.

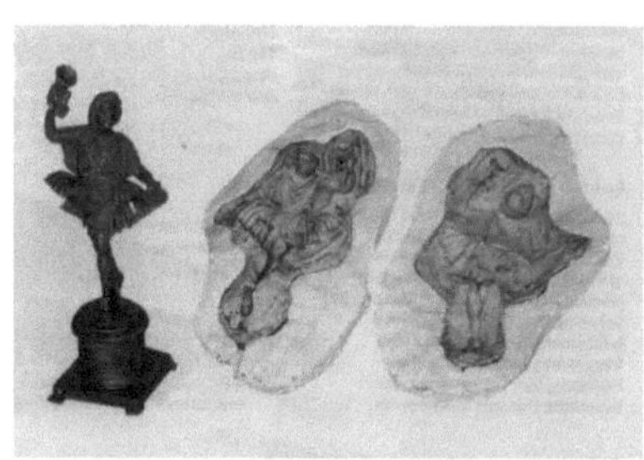

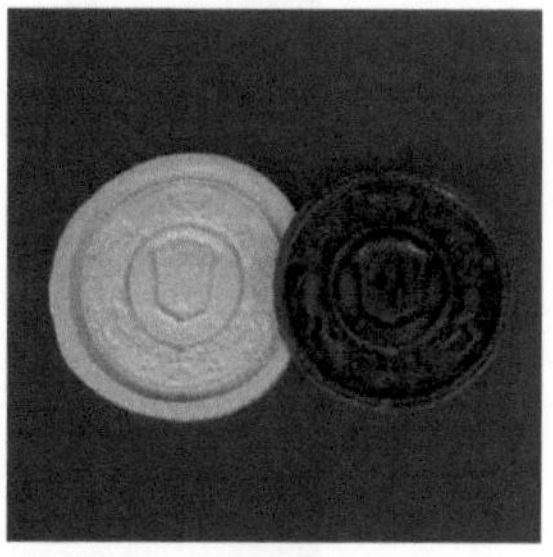

Resim 3,4 : Silikonun, dekoratif eşya üretiminde kullanımı.

---

[16] Celal Tüzün, Organik Kimya, s. 293

Resim 5 : Silikonun, seramik üretiminde, teksir kalıbı tekniklerinde kullanımı.

Resim 6 : Silikonun, mum üretiminde kullanımı.

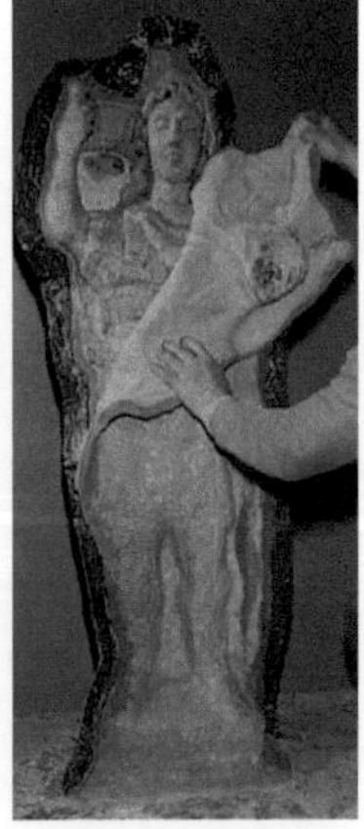

Resim 7,8 : Silikonun, sanat objeleri üretiminde kullanımı.

Resim 9,10 : Silikonun inşaat sektöründe kullanılan, dekoratif yapı malzemeleri üretiminde kullanımı.

Poliesterler

" Sözlük düzeyinde (ısıyla sertleşen madde) anlamını taşıyan poliester plastikler; bir diasit'le bir dialkol'un kondensasyonuyla oluşturulur. Tepkime sonucunda iki durum gerçekleşir.

1- İki tepkiyen (di asit ve dialkol) doymuşsa ortaya çıkacak makromolekül'ün yapısı çizgisel ve termoplastiktir.

2- Diasit'le dialkol, ya da ikisinden biri, çift bağ taşıyorsa, tepkime sonunda, doymamış Poliester reçine elde edilmektedir.

Oluşumda hidrokarbürdiyenik çoğunlukla styren yardımıyla retüküle edilir. Çizgisel zincirin çift bağına katılan hidrokarbürdiyenik, üç boyutlu bir ağın oluşmasını belirler. Kullanıcıya ulaşan reçine, hidrokarbürdiyenikle doymamış poliesterin belirli bir oranda karışımıdır. Kullanım sırasında katalizörün peroksitdöbenzol, metiletilseton katılması retükülasyonun başlamasını sağlar. Sıcaklık eylemiyle, polimerizasyonu başlatan kökler açığa çıkar. Köprüleme, reçineye katalizörden başka, oktoatdökobalt ya da lorilmerkaptan gibi hızlandırıcıların eklenmesiyle oda sıcaklığında oluşabilir.Oda sıcaklığında sertleşen akışkan reçineler, çözücüsüz verniklerin hazırlanmasına olanak verir. Bu vernikler fırın verniklerinden daha üstün nitelikler gösterirler. Katı reçineler genellikle döküm için kullanılırlar.

Poliester uygulama aşamaları, döküm ve cam elyaflı olarak iki yöntemden oluşmaktadır. Üretim yapılan kalıptaki bütün izleri kopya eden reçine (Resim 11), içine gömülen nesnelerin çoğuna yapışır ve nesnelere parlak bir görünüm verir. Çokluk reçinelerin sertleşmede yüzde yedi oranında küçülmesine karşın, kalıptan daha kolay çıkması için kalıp ayırıcılar kullanılır.

Poliesterler makine endüstrisinden ev eşyalarına, dekoratif objelerden sanat yapıtlarına dek oldukça yaygın kullanım alanı bulmuşlardır. Seramik sektöründe son zamanlarda poliesterden bordür yapımına da başlanmıştır. Ürün üretimleri, saydam (ışık geçirgenlik 80) yarısaydam, opak, renkli ve renksiz olarak gerçekleştirilebilmektedir."[17]

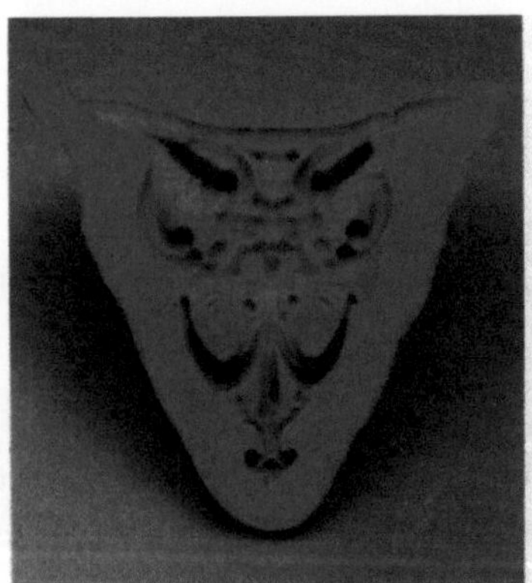

Resim 11 : Silikon kalıp ile elde edilmiş poliester ürün.

[17] Mustafa Ata, Sentetik Plastik Malzemeler, Biçimlendirme Yöntemleri, Sanatta Kullanımı, s. 15,17

Epoksi Reçine

" Bir oksijen atomunun bir karbon zincirindeki ardışık iki karbon atomuna bağlanarak zincirde üçgen çıkıntı oluşturduğu organik bileşiklerin genel adı epoksidir."[18]

" Mukavemeti ve sertliği yüksek, dış kimyasal etkilere dayanıklı ve boyutları kararlıdır. Koruyucu ve dekoratif kaplama işlerine elverişlidir. Diğer malzemelere kolaylıkla yapışır, bu nedenle adezif olarak geniş ölçüde kullanılırlar. Özellikle cam, karbon ve boron lifleri ile pekiştirilerek mukavemetleri ve rijitlikleri çok arttırılabilir.

Uçak ve uzay aracı gövdelerinde, spor malzemelerinde kullanılmaya elverişli olmakla beraber oldukça pahalıdırlar. Epoksi reçineler ticari olarak araldite, epoxin, eurepox, grilonit ve rütapox isimleri ile bilinmektedir. "[19]

Poliüretan Reçine

Poliüretan Köpük : " Otto Bayer tarafından 1937'de Bayer laboratuarında bulunmuştur. "[20]

" Poliüretanlar, sentetik köpük veya sentetik sünger denilen ve başta ısı yalıtkan olmak üzere birçok alanlarda kullanılan sentetik reçinelerdir. Bunlar, aromatik düzosiyantların diollerle etkileşmesiyle elde edilirler ve uzun polimer molekülünde üretan yani karbamat grupları bulunur. Uygulamada en çok kullanılan türü, tolüen 2-4 düzosiyanatın nispeten uzun zincirli bir uç diolü ile etkileşmesiyle elde edilirler. Polimerleşme sırasında ortalama uygun bir miktar su katılır ve izosiyanatın su

[18] www.sozluk.com.tr
[19] Celal Tüzün, Organik Kimya, s. 340
[20] http://www.bayer.com.tr/ip/poliuretan.html

ile etkileşmesi sonucu oluşan karbon dioksit çok küçük kabarcıklar halinde polimer kütlenin içinde kalarak ona süngerimsi bir özellik kazandırır. "[21]

Döküm Poliüretan : " Poliüretan elastomerler Vulkolan ve Biresin ticari markalarıyla tanınmaktadır. Yüksek dilelektrik dayanımına sahiptirler. Aşınma dayanımı ve yük taşıma özellikleri çok yüksektir. Dış hava şartlarına dayanır. Silikon ile özdeş bir yapıya sahip olduğundan poliüretan silikon olarak ta bilinir. "[22]

Politetrafluoretilen

" Politetrafluoretilen, teflon, fluon, hostaflon, algoflon ticari isimleri ile tanınan bir fluoropolimerdir. Teflon, karbon ve fluor atomlarından oluşan molekül yapısından dolayı, başka hiçbir malzemede bir arada bulunmayan üstün özelliklere sahiptir. Sanayide kullanılan bütün kimyasal maddelere dayanıklıdırlar. Çok düşük sürtünme katsayısı arasında kullanılır. Çok üstün elektriksel izolasyon özelliklerine sahiptir. Hava koşullarından etkilenmez. Su ve rutubet almaz. "[23]

" Teflon , politetrafluoretilenin piyasa adıdır. Teflon 1938'de bulundu. Tetrafluoretilen gazından zehirsiz bir soğutucu madde elde etmek isteyen Dr. Roy Jplunkett, deney yaptığı gaz dolu tankın musluğunu açtığında, gaz gelmediğini gördü. Bu oldukça garipti çünkü göstergeler tankın dolu olduğunu gösteriyordu. Plunkett soğutucu çalışmalarına başka bir tanka üzerinde devam edeceğine bu garip durumu gözden geçirmeyi düşündü. Tankın içini açtığında tankın dibinde beyaz kaygan bir top buldu. Bir kimyager olduğundan Plunkett bu yeni oluşumu hemen anladı. Tetrafluoretilen gazının molekülleri birbiriyle bağlanarak, katı bir madde oluşturmuşlardır. Bu beyaz tozun ilginç özellikleri vardı. Kuma göre daha ağır olan bu beyaz toz, kumdan çok daha kaygandı. Hiçbir çözücü tarafından eritilemeyen bu

---

[21] Celal Tüzün, Organik Kimya, s. 306
[22] http://www.polikim.com.tr/poliüretan.htm
[23] http://www.polikim.com.tr/plastik.htm

tozun, güçlü asitlerden, bar ve ısıdan etkilenmediği de anlaşılıyordu. Belki de uzun bir süre bir yana bırakılacak bu maddenin, 2. Dünya Savaşında atom bombası içindeki U^{235} in üretiminde kullanılan Uranyumhexaflorini aşındırıcı etkisine direnen tek madde olduğu fark edilince çalışmalar geliştirilerek sürdürüldü.

Üretimin tümü savaş amaçlı kullanılan teflonun, piyasaya yapışmaz tava olarak sunulması ancak 1960'tan sonra oldu. Teflon, elektrik ve telefon kablolarında uzay roketleri ve astronot giysilerine kadar hala pek çok yerde kullanılıyor. Vücudun reddetmediği ender maddelerden biri olan teflon, protez olarak da kullanılıyor. "[24]

" Teflon erime ve bozunma sıcaklığı çok yüksek olan bir polimerdir. Yüzeyinin sürtünme katsayısı çok düşüktür ve çok kaygandır. Teflondan, kimyasal aşınmaya dayanıklı tüpler ve borular, tıpalar, kendiliğinden yağlamalı mil yatakları yapılabilir. Kızartma tavaların yüzeyinin kaplamasında ve daha başka birçok yerde kullanılan değerli bir malzemedir. Üstün kimyasal, elektriksel, fiziksel, termal ve mekanik özellikleri ile teflon, çok geniş ve sürekli genişleyen uygulama alanına sahiptir. "[25]

"<u>Teflon parçalarının mekanik işlemesi</u> : Teflon yarı-mamul ve mamuller, malzemenin yüksek molekül ağırlığı ve yüksek viskozitesinden dolayı, diğer termoplastikler için uygulanan enjeksiyon, ekstrüzyon vb. tipi imalat yöntemleri ile üretilmezler. Teflon parçaların üretimi, bu yöntemlere göre oldukça güç ve özel bazı teknikler gerektirir. Genellikle teflon yarı-mamuller, takoz, levha, çubuk gibi basit geometrik şekillerde üretilir ve mekanik olarak işlenerek son ölçü ve şekillerine getirirler.

Teflon parçalara, metal ve ağaç tezgahlarında, standart takımlarla bütün işleme yöntemleri (tornalama, frezeleme, planyalama, taşlama, raybalama, delme, diş çekme,

---

[24] www.gül-birfaz.com.tr
[25] Celal Tüzün, Organik Kimya, s. 109

kesme, vb.) uygulanabilir. Ayrıca, metallerden farklı, kaygan, yumuşak, esnek ve bükülebilen bir malzemedir."[26]

Poliamid

" Poliamid, ticari olarak durethan, grilon, sniamid, utramid, verton, rilsan, nylon, grilamit ve kestamid isimleri ile bilinmektedir. Genellikle seramik üretim aşamalarında kestamid ve nylon tercih edilmektedir. Poliamid yaygın olarak "naylon" diye bilinir. –20^{0}C ile 90^{0}C arasında kullanılabilir. Özel tiplerinde kullanım sınırı 140^{0}C'ye kadar çıkabilir. Sürtünme ve aşınma özellikleri çok iyidir. Yağlara, yakıtlara, esterlere ketonlara karşı dayanıklıdır."[27]

" Kestamid, kimyasal yönden bir Nylon türü olmakla beraber belli ölçüde çapraz bağlı moleküler yapısı nedeni ile daha üstün bazı özelliklere sahip bir poliamid türüdür. Poliamidler üstün mekanik, fiziksel, kimyasal ve elektriksel özelliklerden dolayı sanayide en çok kullanılan mühendislik plastikleridir. Kestamid, çok yüksek molekül ağırlığı, yüksek kristal yarı çapı çapraz bağlara sahip olma özelliklerinden dolayı sert, aşınmaya ve bükülmeye dayanıklı ve Nylon'a göre daha az su emen sağlam bir plastiktir. Kestamid'in bilinen yüksek mekanik ve fiziksel özelliklerini daha da arttırmak amacı ile cam elyaflı veya özel katkılı tipleri imal edilmektedir. Kestamid doğal olarak sarı renklidir. Metal ve ağaç işleme tezgahlarında kolaylıkla işlenebilir. Üretiminde ölçü ve miktar sınırı yoktur. Özel imalat tekniği ile çok büyük boyutlarda ve istenilen şekillerdeki parçaların ekonomik olarak üretilmesi mümkündür. Üretimine özgü teknik ve metallerin mekanik dayanımlarından yararlanarak göbeği çelik burçlu dişli, makara, karıştırıcı pervanesi yapmak veya çelik mili üretmek mümkündür. Bu ve benzeri çelik takviyeli kestamid makine aksamı kağıt, tekstil, kimya, matbaa ve gıda sanayiinde yaygın bir kullanım alanı bulmaktadır. Kestamid'in hafif oluşu korozyona, darbeye, aşınmaya

---

[26] http://www.polikim.com.tr/mek_isleme.htm
[27] Prof. Dr. Ali Rıza Berkem, Kimya Tarihine Toplu Bir Bakış, s. 54

dayanıklılığı, yağsız ve sessiz çalışabilmesi nedenleri ile döner ve kayar hareketli makine parçalarının ve ekipmanların yapılmasında demir, çelik, alüminyum, bronz ve birçok plastiğin yerini almıştır. Kestamid, döküm poliamid, döküm naylon adları ile de tanımlanır. Üstün mekanik, fiziksel, kimyasal ve elektriksel özelliklerden dolayı her türlü sanayide çok kullanılan bir mühendislik plastiğidir. Darbe ve yorulma dayanımı iyi, aşınma mukavemeti yüksektir. Isı dayanımı iyi, sürtünme katsayısı düşüktür. Muhtelif makine parçaları ve plastik dişli ve yatak yapımında kullanılır. "[28]

Polipropilen

" Piyasada eltex, hostalen, novolen ve vestolen isimleri ile bilinir. Etilen-propilen kauçukları 1960'lı yılların ortalarında piyasaya sürülmüş ve bugün çok geniş bir kullanım sahası bulmuş polimerlerdir. Kullanışlarında cazip hale getiren özellikleri oksijen, ozon ve ısıya olan dayanıklılıkları ve yüksek oranda dolgu ve plastifiyanı kabul etmeleridir. Tamamen doymuş olup organik peroksit veya radyasyonla çapraz bağlar kurarlarken, etilen propilen monomerlerinin yanında düşük oranda dien ihtiva eden üçüncü bir polimere sahip olduklarından peroksit ve alışılmış kükürtlü çapraz bağlanma yapabilirler. Doymamışlık oranının artması pişme hızını da arttırır ve diğer polimerlerle karışma imkanı sağlar. "[29]

* " Polipropilen düşük özgül ağırlıklı olefin sınıfı bir plastiktir.
* 100^0C'ye kadar kullanılabilir.
* Darbe mukavemeti iyidir.
* Kaynakla birleştirilebilir.
* Kimyasal ortamlarda dayanıklılığı iyidir.
* Hafiftirler. "[30]

---

[28] http://www.polikim.com.tr/kestamid.htm
[29] http://www.polikim.com.tr/polipropilen.htm
[30] www.kaliteas.com.tr

Poliasetal

"Piyasada Derlin, hostaform, celcon ve ultraform olarak bilinen malzemelerin muadili olan formaldehit esaslı bir mühendislik plastiğidir. Kimyasal adı polioksimetilen, daha fazla bilinen şekli ile poliasetaldır. Derlin'in özelliklerinden bazıları:

* Çok yüksek mekanik dayanıma sahiptir,
* Yorulma dayanımı yüksektir,
* Çok yüksek darbe dayanımı vardır,
* Bükülmez ve ağır yük altında bile deforme olmaz,
* Kendinden yağlayıcı olma özelliğine sahiptir,
* Düşük sürtünme katsayısı vardır,
* Yüksek aşınma dayanımına sahiptir,
* Ölçü stabilitesi sabittir,
* Mükemmel elektriksel yalıtım özellikleri bulunur,
* Geniş kullanım sıcaklığına sahiptir,
* Üstün kimyasal dayanımı vardır,
* Metal ve ahşap işleme tezgahlarında kolay işlenebilir.

Derlin'in su emmesi oldukça düşüktür ve doymuş halde bile mekanik ve elektriksel özelliklerinde önemli bir değişiklik olamaz. Kimyasal yapısı ve yüksek kristalli bünyesinden dolayı takviyesiz plastikler içinde en sağlam ve en rijit olan termoplastiktir. Sahip olduğu üstün mekanik ve fiziksel özellikleri nedeni ile metaller ile plastikler arasında bir yer alır ve birçok alanda metallerin yerine kullanılır. Derlin solventlere, petrol ürünlerine, yağ ve greslemeye tam dayanıklıdır. Kuvvetli asit ve bazlara, oksidanlara dayanıklı değildir. Ultra viyole ışınlarından etkilendiği için açık havada kullanılmaması tavsiye edilir. Mühendislik plastiklerinden yapılan parçaların büyük bir çoğunluğu enjeksiyon metodu ile imal edilir. Ölçü uygunluğu ile yüzey düzgünlüğünün kalıpta elde edilmesi mümkündür. İstenen parça sayısı enjeksiyonla üretim için gerekli kalıp masraflarını karşılayamayacak kadar az ve parça boyutları çok büyük ise üretimin yarı mamullerin mekanik işlemesi ile yapılması çok daha ekonomik olmaktadır. Derlin'in üstün mekanik, termal, elektriksel ve kimyasal özellikleri, torna tezgahlarda kolay işlenebilir oluşu ile birleşince birçok uygulama alanı ortaya çıkmıştır. Derlin çeşitli endüstriyel uygulamalarda dişli, yatak, burç, kam, makara gibi parçaların üretiminde kullanılır. Birçok uygulamada gerek performans, gerek ekonomik yönden metallerden ve diğer plastiklerden daha kullanışlıdır. "[31]

Polietilen

" Genellikle baylon, eltex, hostalen, ulpolen ve vestolen ticari isimleri ile tanınmaktadır. Hemen hemen aynı özellikleri içeren bu çeşitler arasında en çok tercih edilen ulpolendir. Ulpolen mamullerin geniş sıcaklık aralığında, darbeye ve aşınmaya karşı dayanımı diğer plastiklerden çok daha yüksektir. Ulpolen'in özeliklerinden bazıları şunlardır:

* Çok yüksek darbe dayanımı,
* Çok yüksek aşınma direnci,
* Düşük sürtünme katsayısı,
* Kendinden yağlama, kayganlık,
* Yüksek kimyasal dayanım,
* Su ve iklim sıcaklığı aralığı,
* Geniş çalışma sıcaklığı aralığı,
* Titreşimleri azaltma ve sessiz çalışma,
* Mükemmel elektriksel yalıtım,
* Metal veya ağaç işleme tezgahlarında kolay işlenebilme,
* Çok düşük özgül ağırlığı nedeni ile ekonomik olma,
* İnsan sağlığı açısından zararsız olma.

[31] http://www.polikim.com.tr/delrin.htm

Ulpolen'in en önemli özellikleri üstün aşınma direnci ve darbe dayanımıdır. Kum, toz ve benzeri aşındırıcı malzemelerin bulunduğu ortamda ulpolen, aşınma dayanımının çelikten daha fazla olması nedeni ile birçok uygulamada bu malzemenin yerini almıştır.Yarı mamuller, beyaz renktedir. İsteğe bağlı olarak muhtelif cazip renklerde de üretilebilir. Ulpolen çok yüksek molekül ağırlıklı bir polietilendir. Özgül ağırlığı düşüktür. Su emmez. Darbeye ve aşınmaya son derece dayanıklıdır. Sürtünme katsayısı düşüktür. Kimyasal dayanımı ve elektriksel özellikleri iyidir. "[32]

Sentetik plastik çeşitleri aşağıda şema halinde verilmiştir. (Şema 2)

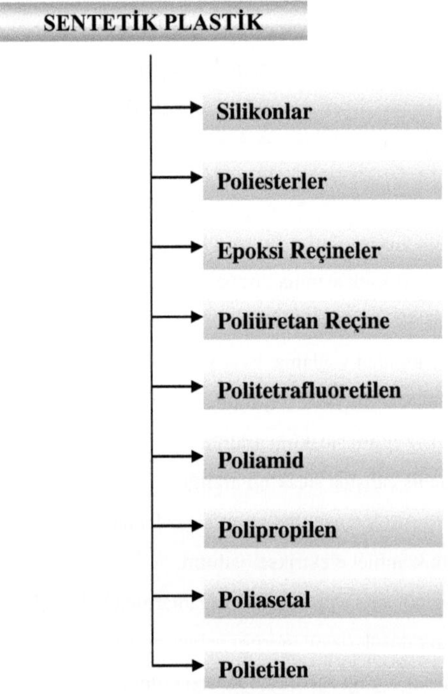

Şema 2: Sentetik plastik çeşitleri.

[32] http://www.polikim.com.tr/ulpolen.htm

II.BÖLÜM

2. SERAMİK ENDÜSTRİSİNDE SENTETİK MALZEME KULLANIMININ TARİHSEL SÜRECİ

18. yüzyıldan itibaren çağdaş dünyada ortaya çıkan değişimler ile endüstri gelişmeye başlamıştır. Endüstri devriminden sonra, seri üretimde en önemli unsurlardan olan enerji ve makine gelişimi başlamıştır. Bu değişimlerden seramik endüstrisi de faydalanmıştır. Endüstriyel seramiğin başlangıcı, İngiltere'de 1769 yılında Wedgwood firmasının kurulması ile başlar. O dönemlerde kullanılan endüstriyel sistemler, gelişerek bugüne kadar çok gelişmeler kaydetti. Tüm bu gelişmelerin kaynağında, malzeme biliminin de büyük önemi vardır.

Seramik endüstrisinde sentetik malzeme kullanımı 19. yüzyıl başlarında görülmektedir. Almanya ve İtalya'da ilk olarak kullanılmaya başlanan sentetik plastikler Türkiye'ye, sağlık gereçleri üretimi yapmakta olan firmaların eğitime gönderdiği teknik kişiler sayesinde girmiştir.

Toplumsal hayatta sağlık gereçleri talebinin artması ile daha hızlı ve daha kaliteli ürün ortaya koymak için birçok yeni sistemler geliştirildi ve yeni malzemeler bulundu. Bu malzemelerin en önemlisi, alçıdan beklenen özelliklerden daha iyi özelliklere sahip olan sentetik plastik malzemelerdir. Bu malzemelerin endüstriyel seramik sağlık gereçlerindeki kullanım alanları, teksir kalıbı yapımı ve basınçlı döküm sisteminde kullanılan sentetik reçine kalıplardır. Teksir kalıbı yapımı aşamasında ilk olarak poliester kullanılmıştır. Poliesterden yapılan teksir kalıplarında birçok problemler ile karşılaşılmıştır. Poliesterin içeriğinde yer alan solventlerden kaynaklanan boyutsal küçülme ve deformasyon gibi etkenler bu malzemenin uygun olmadığını ortaya koymuştur. Teksir kalıplarında kullanılan poliester, seramik endüstrisinde sentetik plastik kullanımın ilk aşaması olarak karşımıza çıkmaktadır. Poliesterdeki bu problemlerden dolayı daha sonraları epoksi reçine kullanımı devreye girmiştir. Epoksi reçine ilk olarak 1970 yılında kullanılmıştır.

Bu gelişmeler takibinde sofra ve süs eşyası üretiminde de sentetik plastik kullanımı yaygınlaştı. Üretim sistemi içerisinde hangi aşama da kullanılacağı göz önüne alınarak farklı özelliklere sahip yeni sentetik plastiklerde kullanılmaya başlandı. Mekanik şekillendirmeye sahip poliamid ve politetrafluoretilen malzemeleri, torna ile üretim sistemlerinde teksir kalıpları ve torna kafalarında kullanıldı. Aynı zamanda esneklik kabiliyeti yüksek olan silikon ve döküm poliüretan da teksir kalıbı üretiminde tercih edilen bir malzeme oldu. 19 yüzyıl sonlarında basınçlı üretim sistemi ile reçine plastik kalıpların kullanımı, sağlık gereçleri üretiminin en önemli üretim sistemi olmuştur.

Bu aşamalar ile endüstriyel seramik kalıp ve üretim teknolojisinde kullanılmaya başlanan sentetik plastikler ile birçok avantajlar elde edilmiştir.

Sentetik plastiklerin kimyasal yapısını oluşturan polimerlerin reaksiyon gelişimine açık olması, sentetik malzeme kullanımını sürekli kılacaktır.

Seramik endüstrisinde sentetik plastik malzeme kullanımına yönelik en son teknoloji, üç boyutlu printerlardır. Bu yeni geliştirilen sistem ile sanal ortamda yapılan tüm çizimlerin, üç boyutlu biçimlerini kısa bir süre içerisinde elde etmek mümkündür. Tüm dünya ülkelerinde artık model ve kalıp yapımı CNC ve üç boyutlu printerler ile gerçekleştirilmektedir. Türkiye'nin yeni tanıştığı bu sistem, yaygın olarak kullanılmamasına rağmen, ileriki dönemlerde çoğu sektörde tercih edilen bir sistem olmaya adaydır.

Üç boyutlu printerlar ile şekillendirme yapılırken kullanılan en temel malzeme, plastik toz bazlı malzemelerdir. Protatip niteliği taşıyan ürünlerde ise nişasta toz bazlı malzemeler ile şekillendirme yapılmaktadır. Bilgisayar desteği ile çalışan üç boyutlu printer sisteminde, çizimler SLT. uzantılı dosyalardan oluşmalıdır. Rhino ceros programı bu sisteme en uygun program niteliğindedir. Max, Autocad gibi programlar ile yapılan modellemelerde bu sisteme uygundur. Çizilen modellerin şekillendirme süresi, boyut ile doğru orantılıdır. Sistemim maxsimum şekillendirme süresi dört saattir. Makinanın en fazla şekillendirme boyutu ise 80x70 ebatlarındadır. Şekillendirmesi tamamlanmış olan ürünlerin yüzey hassasiyeti yeterlidir.

Bu yeni geliştirilmiş sistem Türkiye'de yer alan seramik sektörlerinde halen kullanılmamaktadır. Bunun en önemli nedeni ise, birçok sektörde daha tasarım birimlerinin yeterli ölçüde oluşmamasından kaynaklanmaktadır. Ayrıca bu gibi sistemleri kullanacak donanımlı kişilere ihtiyaç duyulmaktadır. Bu sistemler, bir çok eğitim birimlerinde şu an kullanılmaktadır. Yeni geliştirilen tüm sistemlerin doğru ve yerinde kullanılması için eğitimin büyük önemi vardır.

2.1 Endüstriyel Seramik Üretim Yöntemleri ve Sentetik Plastiklerin Kullanımı

Bu bölümde, endüstriyel seramik şekillendirme yöntemlerine, ürün çeşitlerine göre seramik endüstrisinde ki üretim yöntemlerine ve endüstriyel seramikte kullanılan sentetik plastiklere değinilecektir. Endüstriyel seramik şekillendirme yöntemlerini genel olarak üç bölüme ayrılır :

1- Döndürerek şekillendirme

2- Dökümle şekillendirme

3- Presle şekillendirme yöntemleridir. (Şema 3)

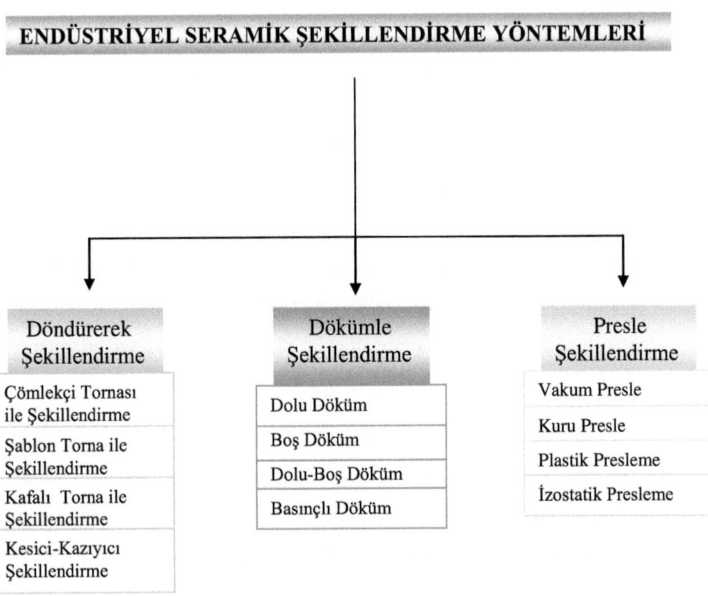

Şema 3: Seramik endüstrisinde şekillendirme yöntemleri.

Ürün çeşitlerine göre seramik endüstrisinde üretim yöntemleri de dört bölümden oluşmaktadır.(Sağlık gereçleri, karo, süs ve sofra eşyası, tuğla ve kiremit üretimi olarak konu sınırlandırılmıştır.)

a- Sağlık gereçleri üretimi: El ile, batarya, basınçlı döküm sistemleri.

b- Karo üretimi: Alçı kalıp, kuru pres ile şekillendirme.

c- Sofra ve süs eşyası üretimi: Torna, döküm, pres ile şekillendirme.

d- Tuğla ve kiremit üretimi: Plastik pres ve vakum pres ile şekillendirme. (Şema 4)

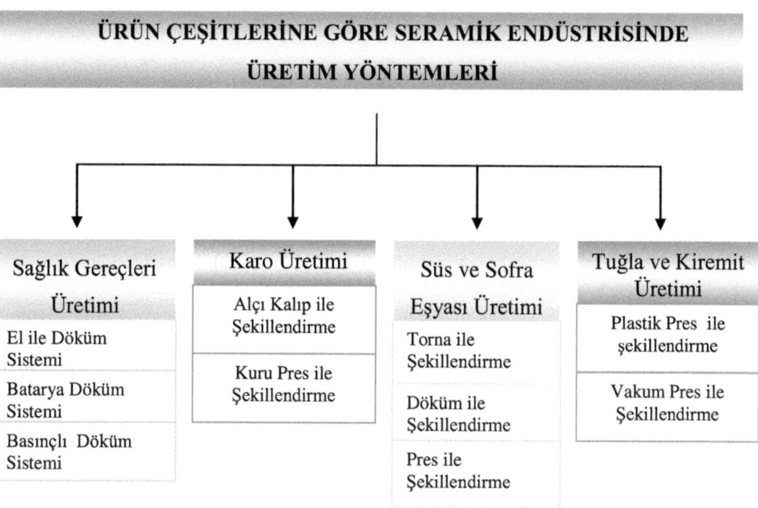

Şema 4: Ürün çeşitlerine göre şekillendirme yöntemleri. (Sağlık gereçleri, tuğla ve kiremit, karo, süs ve sofra eşyası üretimi olarak sınırlandırılmıştır.)

Endüstriyel seramikte kullanılan sentetik plastikleri de, kullanıldıkları üretim çeşitlerinin altında oluşturmak gerekirse ;

a- Sağlık gereçleri üretiminde: Poliüretan köpük, epoksi reçine, silikon, döküm poliüretan, reçineler.

b- Karo üretiminde: Sentetik reçine.

c- Sofra ve süs eşyası üretiminde: Silikon, döküm poliüretan, epoksi reçine, poliamid ve politetrafluoretilen.

d- Tuğla ve kiremit üretiminde: Döküm poliüretan sentetik plastikleri kullanılmaktadır.(Şema 5) Aşağıda bu sentetik malzemelerin kullanımına yönelik tekniklere değinilecektir.

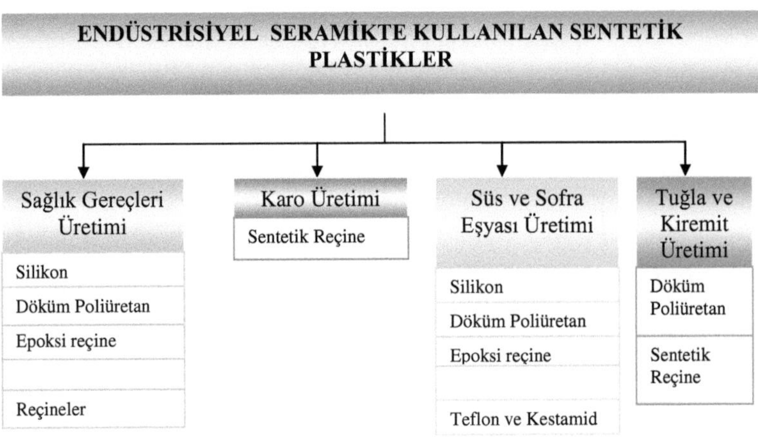

Şema 5: Seramik endüstrisinde kullanılan sentetik plastikler.

2.2 Sağlık Gereçleri Üretimi

Sağlık gereçleri üretiminde klozet, lavabo, bide, duş teknesi, küvet, evye, hela taşı ve banyo aksesuarları üretimi yapılır. Sağlık gereçleri üretiminde döküm ile şekillendirme yöntemi uygulanmaktadır. Bu ürünlerin üretim yöntemleri, el ile döküm sistemi, batarya döküm sistemi ve basınçlı döküm sistemi olmak üzere üç bölüme ayrılır.

El ile Döküm Sistemi

" Alçı kalıpların gözenekli yapısından faydalanarak döküm çamurunun içindeki suyu ayıran geleneksel yöntemdir. Bu yöntemde kullanılan alçı kalıpların ömrü 60-80 döküm arasında olup, bu üretim miktarını tamamlayan kalıplar atılmaktadır. Ayrıca ürünün modeline bağlı olmakla birlikte genellikle bir kalıp ile günde bir dökümden fazlasını almak mümkün olmamaktadır. "[33]

[33] Timder Dergisi, sayı 37, s.84

Tarihsel süreç içerisinde ilk dönemlerde kullanılan bu yöntem, seramik endüstrisinin teknolojik açıdan gelişmesinden dolayı yerini batarya ve basınçlı döküm sistemlerine bırakmıştır. Küçük işletmelerde bu sistemleri kurmak ekonomik açıdan çok pahalıya mal olacağından dolayı hala klasik döküm sistemi ile üretim yapılmaktadır. Hazırlanan kalıpların boşaltma delikleri tıpalarla kapatılır. Likit çamur kalıbın içerisine dökülür. Bu dökme işlemi hortum ile yapılır. Döküm işlemi bittikten sonra istenilen et kalınlığı elde edilene kadar beklenir. Yeterli et kalınlığı elde edildikten sonra kalıbın altında tıpalar çıkarılır ve içerisindeki çamur boşaltılmış olur. Daha sonra kalıp açılarak ürün çıkartılır. El ile döküm sistemi bu aşamalardan oluşmaktadır.

Batarya Döküm Sistemi

" Batarya döküm sistemi birden fazla kalıba aynı anda döküm yapabilmesine imkan tanıyan bir üretim şeklidir. (Resim 12) Bu döküm sistemi İngiltere'nin şenks firması tarafından geliştirilmiştir. Bu sistemde kalıplar raylı ve tekerlekli olan sistemde kapalı kabin içerisinde bulunur. Kalıp parçalarının kurutulması daha hızlı ve çabuk olması için kapalı kabin içerisinde bulunurlar.(Resim 13) Fakat günümüzde bu kapalı kabin sistemi kullanılmamaktadır.

Resim 12 : Batarya döküm sistemi tezgahları.

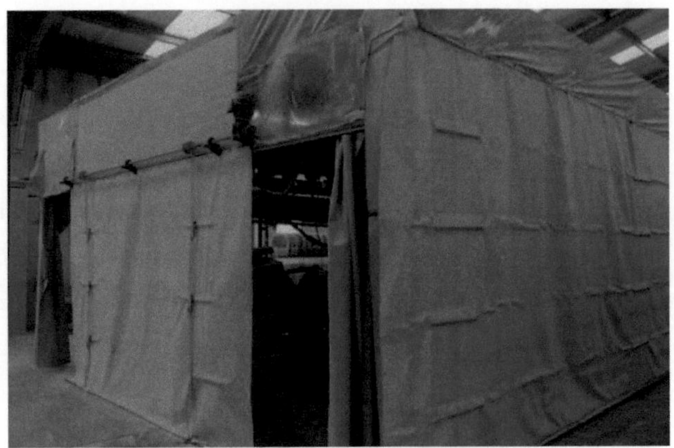

Resim 13 : Batarya döküm sistemi kurutma kabini.

Döküm yapılacak kalıplar bir gün önceden hazırlanır. Önceden temizlenmiş olan siloya çamur doldurulur. Silo dolduktan sonra, kalıplara çamur girmeyecek şekilde borunun en son ucundaki delikten çamur çıkana kadar vana açılmak suretiyle silodan çamur boşaltılır. Daha sonra bu çamur geri alınır. Bundan sonra kalıpların hortumları borunun deliklerine sırayla takılır. Vanaların açılması suretiyle boru ve hortumlardan çamur yükselerek kalıplara doldurulur. Eğer dökülen kalıplar, hela taşı, evye, ayak- duş teknesi, rezervuar (Resim14) gibi aşağıdan yukarıya doğru hacmi pek değişmeyen mamuller ise, döküm hızı değiştirilmeden döküm yapılır.

Eğer dökülen kalıplar lavabo gibi alt hacmi geniş, üst hacmi dar olan mamuller ise döküm sifon hizasına kadar aynı tempoda devam eder. Daha sonra çamur dolumu hızlanmaya başladığı zaman, doldurma vanası biraz kapatılarak çamur doldurma ve yükseltme hızı düşürülür. Kalıplar çamurla dolduktan sonra, hortumla yukarıdaki ana boruya bağlı olan borudan fazlalık çamur tekrar boşaltılır. Çamur boşalmaya başlar başlamaz çamur giriş vanaları kapatılır. Çamur, işletmenin istediği süre kadar kalıplarda kalır.

Resim 14 : Batarya döküm sisteminde rezervuar üretimi.

Silolardan kalıplara çamur verilirken, geçen sürenin 16 ile 22 dakika olması gerekir. Mamul kalıplarının dökümü yapılıp, çamurun et kalınlığı istenilen düzeyde elde edildikten sonra, kalıplardaki çamur boşaltma işlemine geçilir. Üstte bulunan borudan ve hortumlardan kalıplara verilen basınçlı hava sayesinde, kalıpların içerisindeki sıvı çamur altta bulunan doldurma delikleri ve hortumlardan kanala akıtılır. Kalıpların üst ağzından verilen hava kalıp içerisindeki emme olayını yok eder, içerisindeki sıvı çamurun hataya neden olmayacak şekilde kalıptan boşalması sağlanmış olur. Kalıpların üst tarafından verilen basınçlı havanın normalde 2-2,5 bar civarında olması gerekir. Bu basınç ayarı çamurun özelliğine ve üretilen parçanın hacmine göre değişebilir. " [34]

.

" Çamur boşaltılma işleminin bitmesiyle kalıplar kurumaya bırakılır.(Resim 15) 15-20 dakika kurutma havası verilir. Kurutma havası verildikten sonra, mamulün kalıptan çıkartılma süresi çamurun sertlik, yumuşaklık, plastiklik, ortam ısısı, rutubet oranı ve kalıbın eskilik-yenilik durumları göz önüne alınarak tespit edilir. Kalıpların dinlenme süresi dolduğunda kalıplar açılır ve mamuller çıkartılır. Ürünler kalıplardan çıkartılırken poliüretan köpükten yapılan ceketlerden faydalanılır. Ürünü çıkartırken deformasyona uğramaması için bu ceketler kullanılmaktadır. " [35] (Resim 16)

---

[34] Netzsch Technische İnformation SK 005, tanıtım broşürü

[35] Güner Dönmez, Seramik Sıhhi Tesisat Gereçlerinin Gelişim Süresi İçinde Karşılaştırmalı Üretim Sistemleri, s.44

Basınçlı Döküm Sistemi

" Basınçlı döküm sistemlerinde alçak, orta ve yüksek basınçlı olmak üzere üç şekilde döküm sistemi vardır. Basınçlı döküm sistemlerinde sentetik reçine kalıplar kullanılır. Sentetik reçine kalıplar, alçı gibi su emme özelliğine sahip olan, içerisindeki hava kanalları sayesinde bünyesine almış olduğu suyu basınçlı hava yardımı ile uzaklaştırabilen bir reçine kalıp çeşitidir. (Resim 17,18,19,20,21)

Resim 15 : Batarya döküm sisteminde yarı mamullerin kalıp içerisinde bekletilmesi.

Resim 16 : Batarya döküm sisteminde yarı mamullerin poliüretan köpükten yapılmış ceketler ile kalıplardan çıkartılmış hali.

Döküm çamuru kalıplara verilmeden önce çamur tankında 40 - 45^{0}C 'ye kadar ısıtılır. Normal alçı kalıplara dökülen döküm çamurunun sıcaklığı 32^{0}C' dir. Döküm çamuru kalıbın içine, kullanılan sistemin teknik özelliğine göre 6-60 bar basınç ile basılır. Kalınlık alma süresi ortalama 10-15 dakikadır. Bu süre içerisinde çamur 8 mm. kalınlık almaktadır. Normal şartlarda alçı kalıplardan 60 dakikada, 8,2mm. kalınlık alınabilmektedir.

Resim 17 : Basınçlı döküm sistemi.

Resim 18 : Basınçlı döküm sisteminde kalıpların açılması.

Resim 19 : Basınçlı döküm sisteminde yarı mamul alınırken.

Resim 20 : Basınçlı döküm sisteminde yarı mamul kalıptan çıkartılırken.

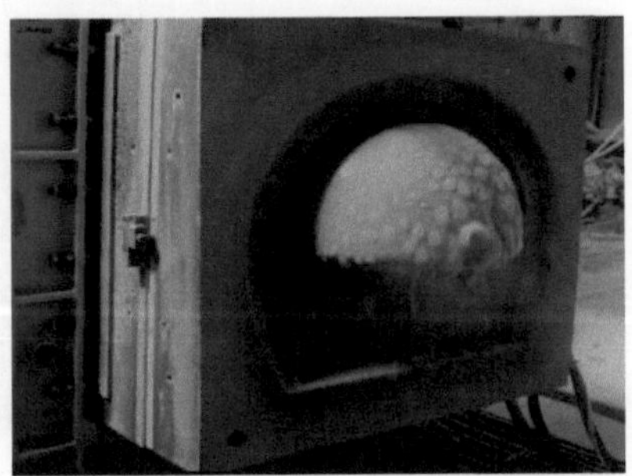

Resim 21 : Basınçlı döküm sistemi kalıbının, bünyesine aldığı suyu basınç ile çıkartırken.

Kalıbın bünyesinde yer alan su kullanılan sistemin teknik özelliğine göre 2-10 bar basınçlık bir hava yardımı ile kalıbın içinden dışına doğru atılır. Bu da sistemin teknik özelliklerine göre 2-6 saniye sürer. Ortalama 10-15 dakikada bir döküm alınır. Her döküm işleminin ardından sistem yeni bir döküme hazırdır. Bu konuda tek sınır reçine kalıpların en fazla 25.000-35.000 döküm vermesidir. Ürün kalıplardan çıkartılırken poliüretan köpük platformlarından faydalanılır.(Resim 22) Kalıptan çıkan ürünlerin nem oranı el ile ve batarya dökümden alınan ürünlere oranla daha düşük olduğundan üzerinde hemen işlem yapılabilmektedir. "[36]

Resim 22 : Poliüretan köpük ceket ile yarı mamulün kalıptan çıkarılışı.

2.2.1 Sağlık Gereçlerinde Kullanılan Sentetik Plastikler

Toplumsal hayattaki ihtiyaçları karşılamak üzere, hızlı bir üretim ve kaliteli ürün ortaya koymaya yönelik çalışmaların başında sentetik plastikler yer almaktadır. Özellikle sağlık gereçleri üretimi, sentetik plastik kullanımına yönelik çalışmalarda bulunulan ilk üretim yöntemidir. Sağlık gereçlerinde teksir kalıbı üretiminde, iş kalıbı üretiminde ve yarı mamül üretimi aşamalarında kullanılan sentetik plastik malzemeler bulunmaktadır. Bu malzemeler poliüretan köpük, silikon, epoksi, döküm poliüretan ve reçinelerden oluşmaktadır.

---

[36] Bülent Özden, Eğitim Notları.

Poliüretan Köpük

" Poliüretan köpük, sağlık gereçleri üretiminde ürün alma ceketlerinde kullanılmaktadır. (Resim 23) Ürün alma ceketinin elde edilmesinde metal kalıplardan faydalanılır. Poliüretanın, yapışmaması için kalıba özel bir ayırıcı sürülür. Bu metal kalıpların içerisine poliüretan köpük reçinesi dökülür. Polimerleşme sırasında uygun bir miktar su katılır ve su ile etkileşmesi sonucu oluşan karbon dioksit çok küçük kabarcıklar halinde polimer kütlenin içinde kalarak ona süngerimsi bir özellik kazandırır. Döküm deliklerindeki fazlalıklar kesilerek alınır. Kalıp içerisindeki şekillenme süresi ortalama 3-5 dakikadır. Sertleşmesi için 10 dakika kalıp içerisinde bekletilir ve kalıp açılır. Elde edilen ürünlerin çapakları alınarak işletmeye gönderilir." [37] (Resim 24)

Resim 23 : Poliüretan köpük ceketlerin yarı mamul üzerinde ki görüntüsü.

[37] İbrahim Kasap, kale-roca iş talimatı raporları

Resim 24 : Poliüretan köpükten yapılmış ürün alma ceketleri.

Silikon

Silikonun sağlık gereçleri teksir kalıplarında tercih edilmesinin en önemli nedenleri teksir kalıplarında derin ve karmaşık yüzeylerin olmasıdır.(Resim 25,26) Alçının genleşme oranında elastik olan silikon, esneme kabiliyetinden dolayı, epoksinin yerine kullanılmasına neden olmuştur.

Resim 25,26 : Silikondan yapılmış olan klozet ve rezervuar teksir kalıbı.

Sağlık gereçlerinde silikon teksir kalıbı yapım aşamaları şunlardır ; yapılan modelin model kalıbı alınır. Model kalıbının yüzeyi gomalaklanır. Model kalıbında silikon olması istenilen yüzeyler, 2,5-3 cm kalınlığında çamur ile kaplanır ve çamura farklı çaplarda plastik borular yerleştirilir. Kalıp kurgusu yapılarak alçı dökülür. Alçı donduktan sonra tüm çamur olan bölümler temizlenerek alınır, daha sonra teksirin iç yüzeyine çiviler çakılır. Çamur olan bölümler çok güzel bir şekilde temizlenmelidir. Aksi halde silikon dökülen yüzeylerde hatalar oluşur. Çamur kaplanan bölüme borular yerleştirilmediği takdirde model kalıbının üstüne matkap ile sık delikler açılır. Matkapla açılmış delikler veya borular, kalıbın dış noktalarından genişletilir. Model kalıbı ve teksir arasındaki çamurlardan dolayı boşluk oluşan bölüme hazırlanmış olan silikon, döküm deliklerinden dökülür. Silikon hiçbir malzemeye yapışmadığı için herhangi bir ayırıcı kullanılmaz.(Çizim1)

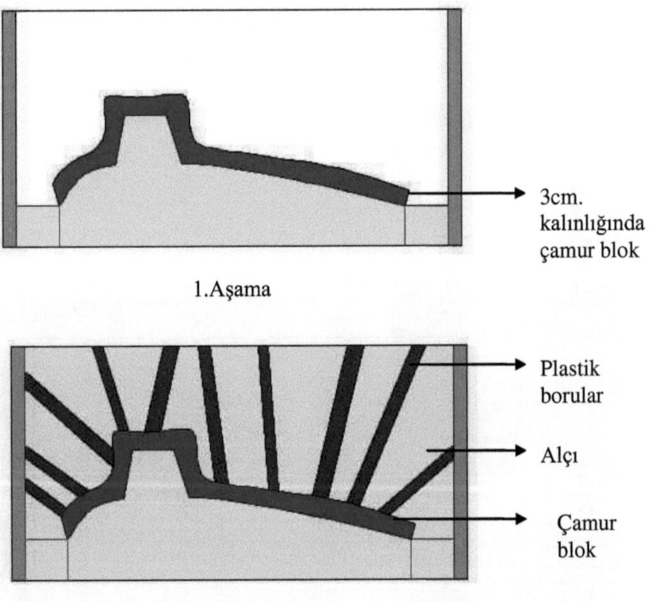

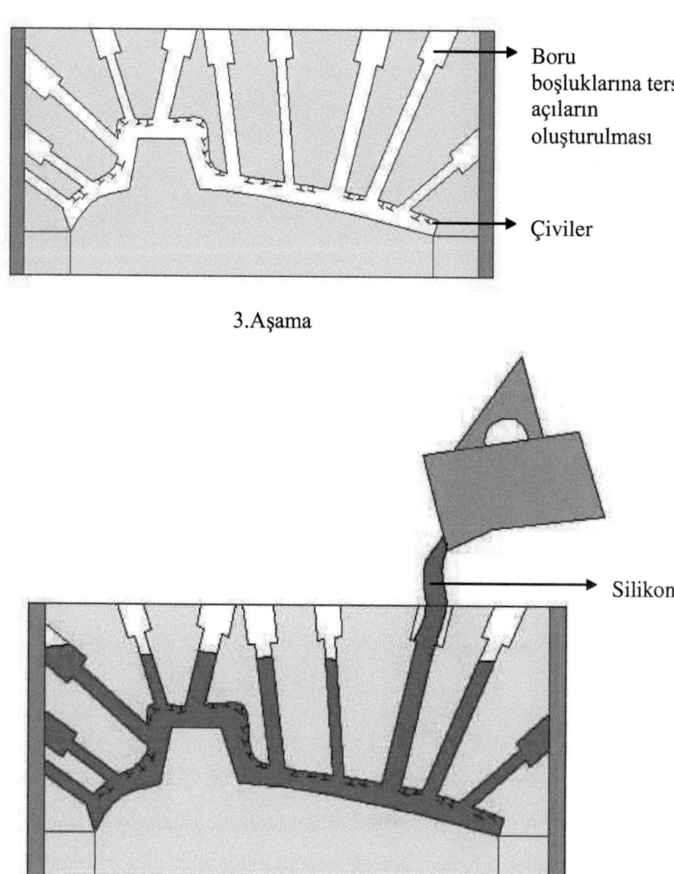

Çizim 1 : Sağlık gereçlerinde silikon teksir kalıbı yapım aşamaları.

Silikonu hazırlarken dikkat edilmesi gereken en önemli noktalar, katalizör oranının düzgün yapılması, çok iyi karıştırılması ve vakum ile silikon karışımın havasının alınmasıdır. (Çizim 2)

Çizim 2 : Silikonun hazırlanması ve karışım esnasında oluşan havaların vakum ile giderilmesi.

Döküm için yapılacak olan silikon bir kerede hazırlanmalıdır. Bu miktarı hesaplarken silikonun özgül ağırlığı yaklaşık 1.2g. alınır. Hacim hesabı yapar ve çıkan rakamı 1.2 ile çarparak gerekli olan silikonun ağırlığını buluruz. Dökülen silikon 1 gün beklendikten sonra kalıp açılır fakat, en iyi donma süresi üç gündür. Kalıp açıldıktan sonra teksir kalıbı kullanıma hazır hale gelmiş olur.

Döküm Poliüretan

Döküm poliüretana döküm silikonda denilir. Döküm poliüretan piyasada "Biresin" markası ile bilinmektedir. Bu malzemenin teknik özellikleri silikona benzer. Aralarındaki tek fark poliüretanın esneme kabiliyeti kararlılığıdır. Silikon kadar elastik olmayan bu malzemenin esneme oranı alçının genleşme katsayısı ile aynıdır. Silikon çok esnek olduğundan, silikon teksir kalıplarında zamanla şişme meydana gelir. Döküm poliüretandan yapılmış teksir kalıplarında ise bu sorun malzemenin esneme karalılığından dolayı görülmez. Sağlık gereçlerindeki bütün ürünlerin teksir kalıplarında döküm poliüretan kullanılır.

Döküm poliüretanın değişik özelliklerde yüze yakın çeşidi bulunmaktadır. Bu çeşitlerde yer alan özellikler arasında, malzeme seçimi yapılırken dikkat edilen en önemli özellikler, malzemenin sertlik derecesi ve boyutsal çekmesidir. İstenilen değerler doğrultusunda malzeme belirlenir. Sağlık gereçleri teksir kalıplarında uygulanış aşamaları silikonun uygulanış aşamaları ile aynıdır. Fakat uygulama esnasında özel bir ayırıcı kullanılır ve çivi kullanılmaz. Silikon ve döküm poliüretan ile yapılan teksirlere elastomer teksir denir. Dökülen poliüretan en iyi donma süresi 1 haftadır. Silikon ve döküm poliüretan ile yapılan teksir aşamalarına yüzey döküm aşamaları adı verilir. Uygulamanın bu şekilde yapılmasının en önemli nedeni malzemelerin pahalı olmasıdır. Farklı bir uygulama metodu da masif dökümdür. Sağlık gereçleri teksir kalıplarında silikondan masif döküm ile teksir kalıbı yapılmamaktadır. Yapılmamasının en önemli nedeni ise malzeme olarak çok elastik olmasıdır. Döküm poliüretan ile masif döküm ile teksir kalıpları yapılabilir fakat pahalı olduğundan tercih edilmez.

Epoksi Reçine

Epoksinin, patentli ticari adı "Araldit"tir. Alçıdan yapılmış teksirden ortalama 80-100 adet iş kalıbı alınırken, epoksi den yapılan teksirlerden iyi bir kullanım ile sonsuz iş kalıbı almak mümkündür. Epoksi uygulama yöntemleri cam elyaflı ve beton (dolgulu) olmak üzere ikiye ayrılır. Beton yönteminde, epoksinin rengi de alçı gibi beyaz olduğundan uygulama esnasında görsel ayırım yapabilmek için epoksi renklendirilir. Epoksi uygulamasına başlamadan önce model kalıbına iki, üç kat gomalak sürülür. Alçı model kalıbı mutlaka kuru olmalıdır. Gomalaklanmış yüzeylere özel ayırıcı sürülür. Sürülen ayırıcı kuruduktan sonra polisaj yapılarak parlatılır. Daha sonra jelkot yüzeye özel bir fırça ile uygulanır.(Çizim 3) Jelkot, en iyi yüzeyi veren epoksi reçinedir. Epoksi koyu kıvamlıdır. Özel bir fırça kullanılmasının nedeni uygulamanın en uç noktalara kadar gerçekleştirilmesidir.

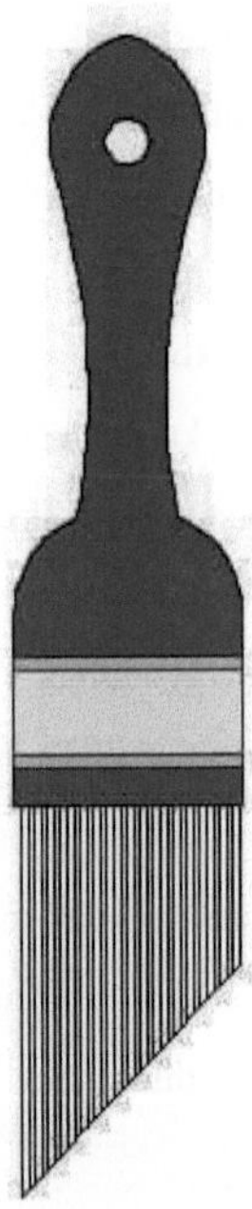

Çizim 3 : Epoksi uygulamada kullanılan özel fırça.

Jelkot uygulaması ile tüm yüzeylerde yaklaşık 2-3mm. kalınlık oluşur. Eğer uygulama kalın olursa çatlama riski meydana gelir. Dolgu maddesi karışımı hazırlanırken farklı tane iriliklerine sahip silis kullanılır. Epoksi ile silis karıştırılır. Kullanılan silis oranı %10-20'dir. Bu karışım hazırlanırken sürülen jelkot sertleşmemesi gereklidir. Silis tanelerin epoksiye yapışabileceği bir sertlik gerekmektedir. Hazırlanan dolgu maddesi dökülür, tokmakla dövülür ve 7-8 saat beklenir. Donduktan sonra şablonlar çıkartılır ve dolgunun su emme problemi olduğu için arka tarafa mutlaka epoksi reçine sürülmesi gerekmektedir. Daha sonra teksir yüzeyi parlatılır. (Çizim 4)

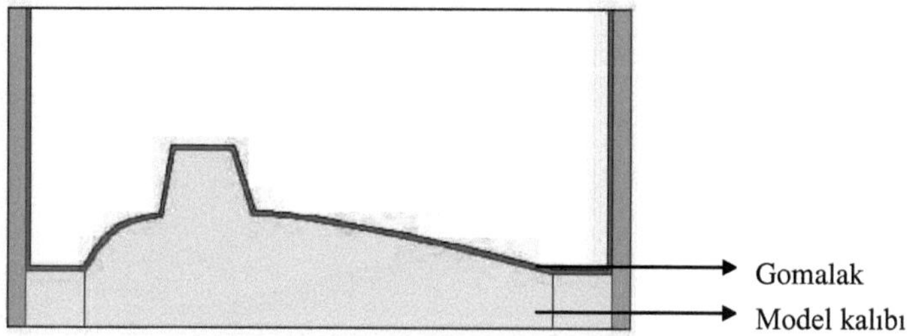

1.Aşama: Gomalak uygulaması.

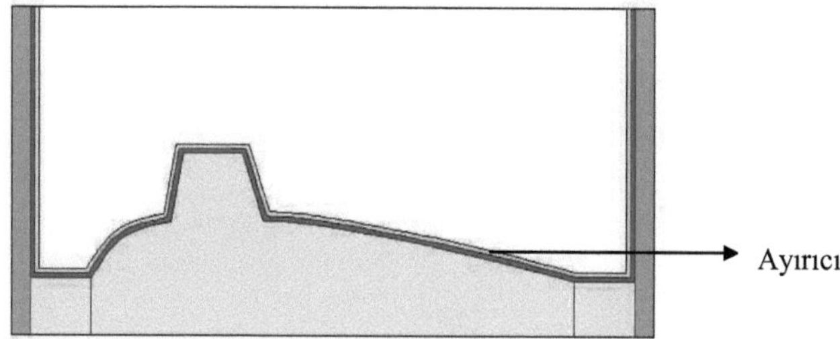

2.Aşama: Ayırıcı Uygulaması

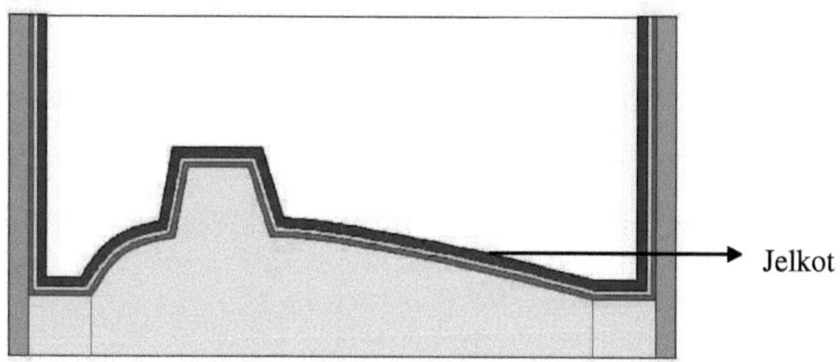

3. Aşama: Jelkot Uygulaması.

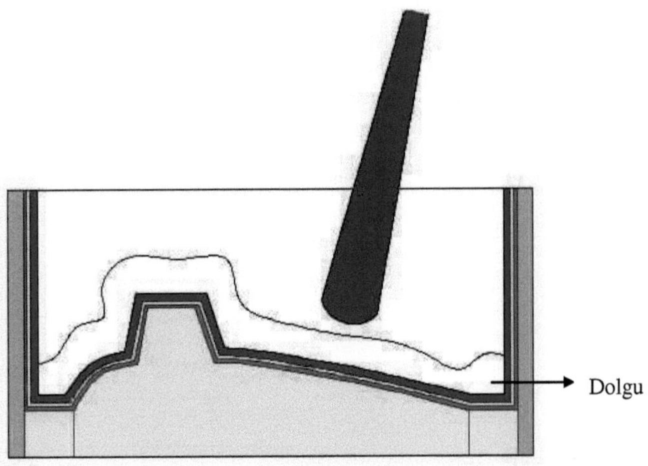

4.Aşama: Dolgu uygulaması.

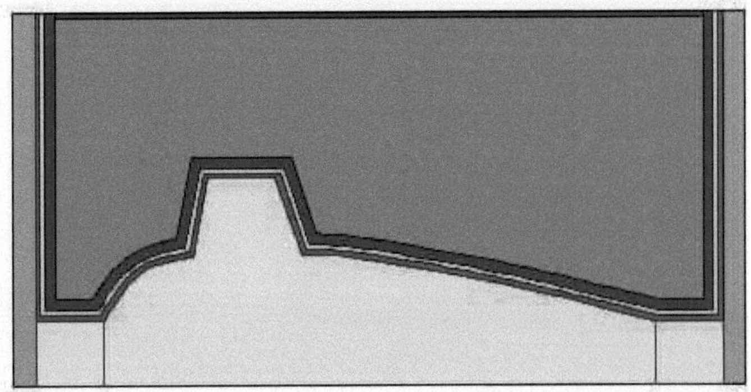

5.Aşama: Uygulama aşamalarının tamamlanmış hali

Çizim 4 : Beton (dolgulu) yöntemi, uygulama aşamaları.

Cam elyaflı yöntem ile yapılacak uygulama aşamaları da yukarıda anlatıldığı gibi jelkot uygulamasına kadar aynı süreci izler. Jelkot uygulaması bittikten sonra, $1m^{2}$' si 150g. olan cam elyafı üç veya dört kat uygulanır. (Resim 27)

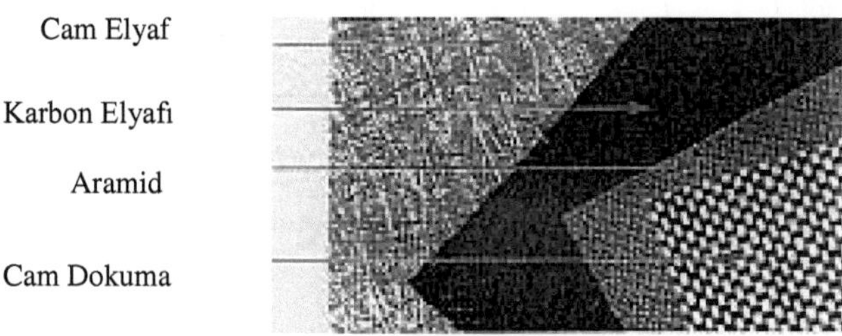

Resim 27 : Elyaf çeştleri.

Bu cam elyafı, tül denilen çok ince bir tabaka halinde bulunmaktadır. Cam elyaflı uygulama beton yöntemi ile yapılan teksir kalıplarına oranla oldukça hafiftir. Son kata örgü keçe cam elyafı uygulanır. Cam elyaf uygulaması tamamlandıktan sonra arka tarafa deformasyonu engellemek için 1cm. kalınlığındaki su kontrası formun biçimine göre dikey olarak kafes mantığı ile yerleştirilir. Bu işlemler tamamlandıktan sonra teksirin altı aynı malzeme ile kapatılır ve teksir yüzeyi parlatılır.(Çizim 5)

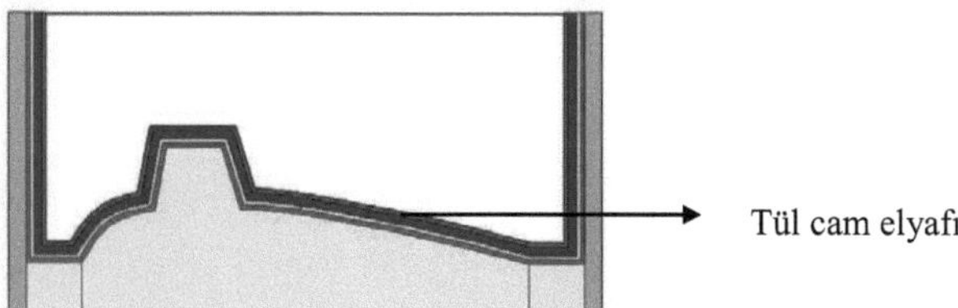

4.Aşama: Tül cam elyaf uygulaması.

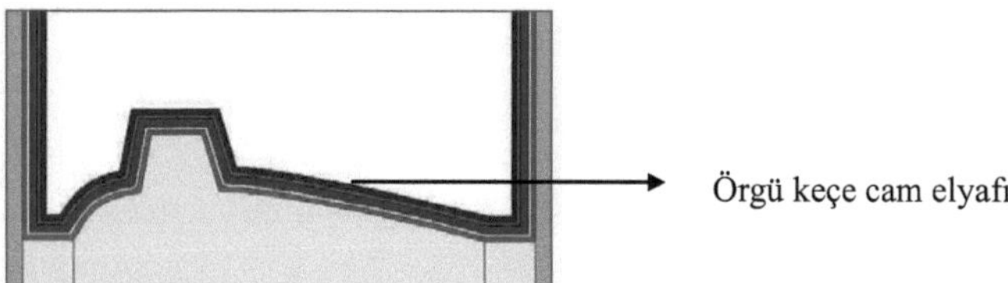

5.Aşama: Örgü keçe cam elyafı uygulaması.

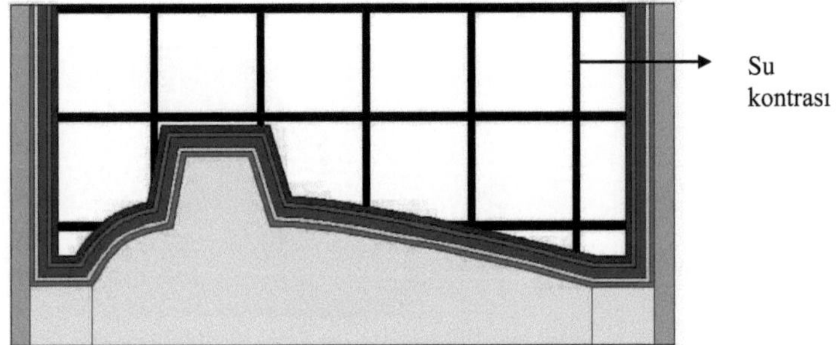

6.Aşama: Su kontrası uygulaması.

Çizim 5 : Elyaf yöntemi, uygulama aşamaları.

Formun özelliğine göre yapılacak her parça için aynı işlemler tekrarlanır. Epoksinin en önemli özelliği de kendisine yapışabilmesidir. Bu özelliğinden dolayı epoksi, teksir kalıplarının onarılması veya yama yapılabilmesine olanak sağlar.(Resim 28) İş kalıbı üretiminde epoksi teksirlerinin yüzeyleri özel bir ayırıcı ile yalıtılır. Epoksi teksirlere duromer (sert) teksir denir.(Resim 29,30,31)

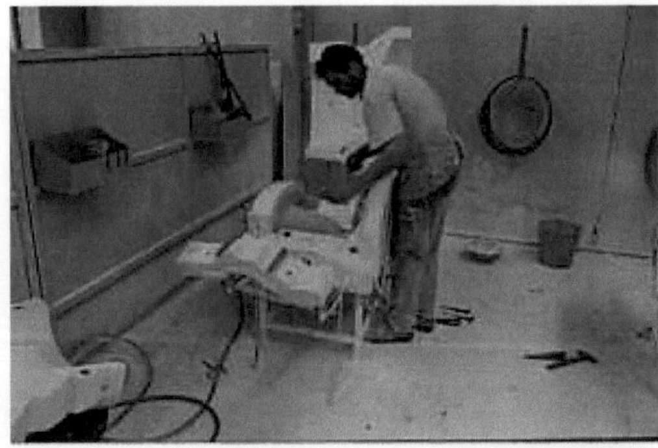

Resim 28 : Epoksiden yapılmış olan klozet teksir kalıbının tekrar epoksi ile onarımı.

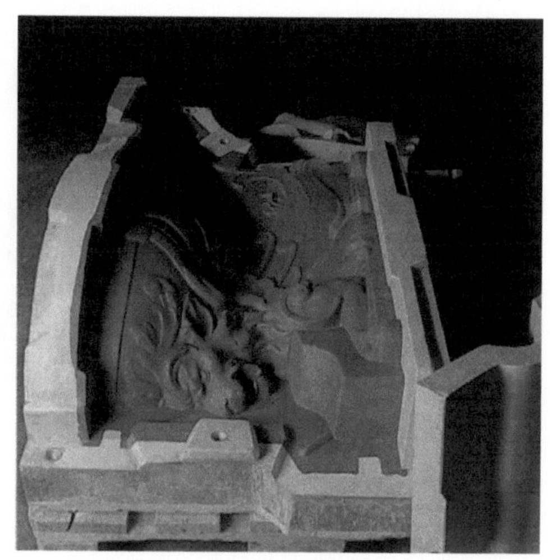

Resim 29 : Epoksi klozet teksir kalıbı.

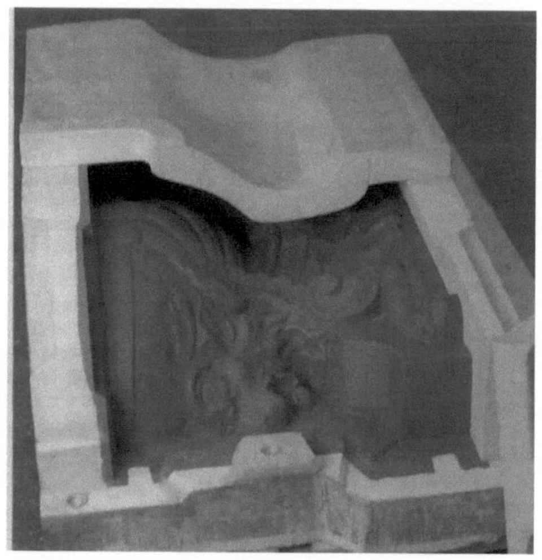

Resim 30 : Ceketleri ile beraber epoksi teksir kalıbı.

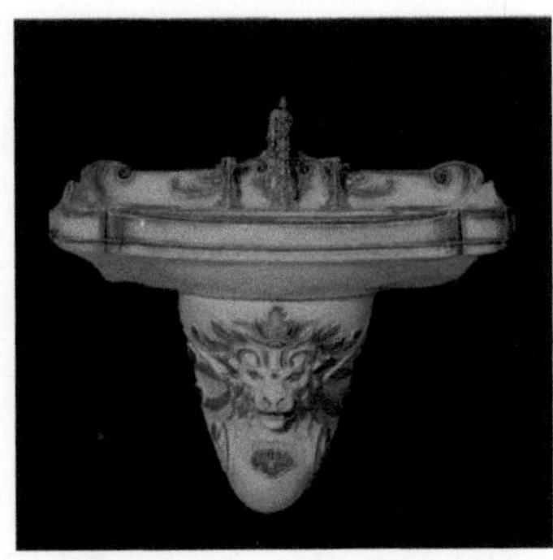

Resim 31 : Epoksi teksir kalıbından elde edilen iş kalıbı ile üretilmiş lavabo.

Kauçuk Reçineler

Sağlık gereçleri üretiminin endüstriyel açıdan gelişmesinde reçine kalıpların büyük önemi vardır. (Resim 32) Reçineler üretim kalıplarında kullanılmaktadır. Mikroporoz sentetik kauçuk kalıplar olarak bilinir.(Resim 33,34) Kimyasal yapıları üreticileri tarafından saklı tutulmaktadır. Yapısal olarak bilinen özellikleri, alçı gibi su emişi olan, içine döşenmiş hava kanalları sayesinde bünyesinde bulunan suyu basınçla atabilen malzemelerdir. Bu kalıplar sağlık gereçleri endüstrisinde basınçlı döküm üretim sistemlerinde kullanılır. Tüm üretim sistemlerinde de kullanıma açık olan reçine kalıplar geleceğin önemli malzemelerindendir.

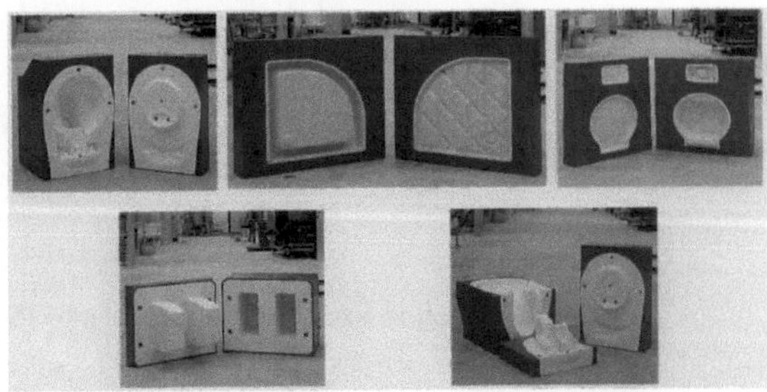

Resim 32 : Sentetik reçine üretim kalıpları.

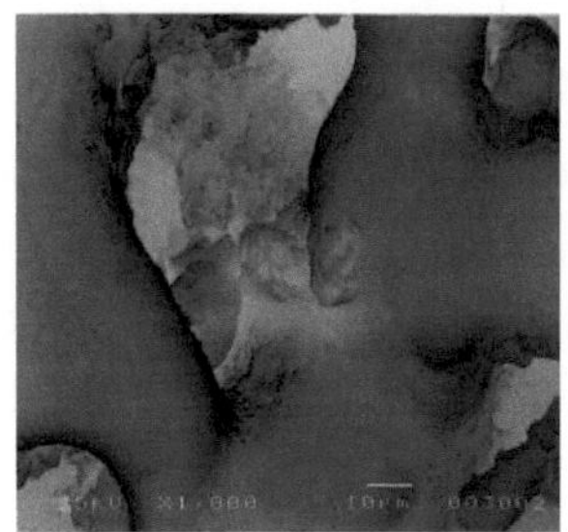

Resim 33,34 : Reçine kalıpların, mikroporoz bünyesinin görüntüsü.

2.3 Karo Üretimi

Endüstriyel karo üretiminde kullanılan yöntem pres ile şekillendirmedir. (Resim 35) Bu yöntemde toz çamur kullanılır. Bu sistemleri kurmak ekonomik açıdan pahalı olduğu için küçük ölçekli işletmelerde alçı kalıp içine basma ve sıvama yöntemleri ile de şekillendirme yapılabilmektedir.

Resim 35 : Yer ve duvar karosu üretiminde kullanılan hidrolik pres.

Alçı Kalıp ile Şekillendirme

Bu şekillendirme yöntemi, küçük ölçekli işletmelerde kullanılmaktadır. Pres kurma maliyetinin yüksek olmasından dolayı, hazırlanan kalıpların içerisine plastik çamur basılarak üretim yapılmaktadır. Bu üretim metodu pres ile üretim metoduna göre oldukça eskidir. Bu yöntem ile yapılan ürünlerde birçok sorunlarla karşılaşılmaktadır.

Pres ile Şekillendirme

Bu yöntem presleme konusunda en yaygın ve en verimli metotdur. Genelde büyük imalat kapasitesi olan üretimlerde kullanılır. Çamur normal metal veya sentetik reçine yüzeyli pres kalıplarında basılır.

" Bu yöntemde çamur tamamen toz haline getirilmiştir. Genellikle %5-8 nem içerir. Plastiklik, organik maddelerle ve kil kullanılarak sağlanır. Kuruma küçülmesinin yok denecek kadar az oluşu, rahatlıkla ele alınabilmesi, rötuş kolaylığı, imalat hızı gibi büyük avantajları vardır. Genellikle yüksek kaliteli ve hassas elektroporselen teknik seramik ürünleri ile fayans ve yer karosu üretiminde bu şekillendirme yöntemi uygulanır. "[38]

" Presle şekillendirmede sağlıklı üretim için kuru çamurun homojen nem dağılımı ve nem içeriği önemlidir. Üretimde harmanın nem içeriği azaldıkça veya ürün boyutları büyüdükçe uygulanan basınç artar. Presle şekillendirmede kuru çamurun nem oranının düşük olması nedeni ile oldukça az kuruma küçülmesi görülür. Bu nedenle ürünlerde deformasyon ve çatlama sorunları görülmez. Kuru preslemede; hidrolik, dirsekli, vidalı, friksiyon döner tablalı ve izostatik presler kullanılır. "[39]

---

[38] H.Hüseyin Tanışan-Zeliha Mete, Seramik Teknolojisi ve Uygulaması, s.80,81

[39] Hande Kura, Endüstriyel Seramik Tasarımında Biçim ve Üretim Yöntemleri, s.122,123

2.3.1 Karo Üretiminde Kullanılan Sentetik Plastikler

Karo üretiminde, preslerde yer alan metal kalıplar artık yerini yüzeyleri sentetik reçine kaplı sentetik plastiklere bırakmaktadır.

Sentetik Reçine

Pres ile karo üretiminde kullanılan kalıplar metal ve sentetik reçine kaplı metallerden oluşmaktadır. Metal kalıpların zor şekillendirilmesi ve üretimdeki bazı problemlerinden dolayı günümüzde sentetik reçine kaplamalı pres kalıpları tercih ediliyor. (Resim 36,37)

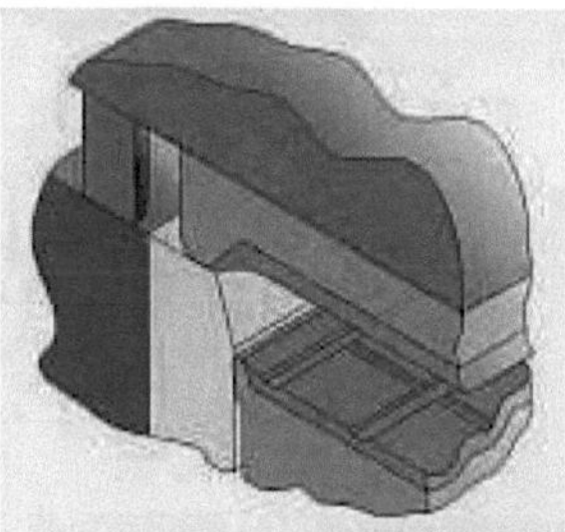

Resim 36 : Sentetik reçine kaplı pres kalıbının kesiti.

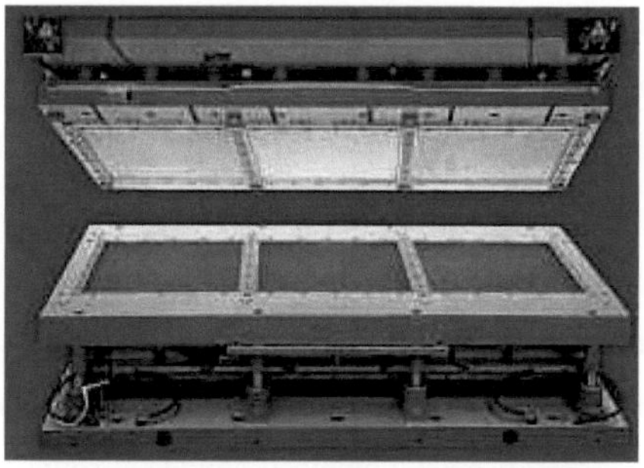

Resim 37 : Sentetik reçine kaplı pres kalıbı.

Bu tür yeni geliştirilen ürünlerin kimyasal yapıları üreticileri tarafından saklı tutulmaktadır. Özellikle kalıplarda, yüzey rölyefi olan ürünler ve ürünün yapışma yüzeylerinde kullanılan bu malzeme üretim kalitesini arttırmış ve kalıp maliyetinin düşmesine neden olmuştur.

2.4 Sofra ve Süs Eşyası Üretimi

Bu üretimlerde seramik şekillendirme yöntemlerinin hemen hemen hepsi kullanılmaktadır. Genel olarak döküm, plastik ve kuru şekillendirme yöntemlerine değinilecektir.

Döküm Yöntemi ile Şekillendirme

Döküm ile şekillendirme boş, dolu ve dolu-boş olmak üzere üç yöntemden oluşmaktadır.

" Dökümle şekillendirme yönteminde, çamur istenilen şekli taşıyan alçı kalıba dökülüp temas ettirilir. Suyu emen alçının yüzeyinde tanecikler tabakalaşarak biçimi oluştururlar. Üretim sürecinin uzun olması nedeniyle, boyut ve biçim açısından diğer yöntemlerle üretilmesi uygun olmayan parçaların üretiminde uygulanan bir yöntemdir. Diğer yöntemlerle üretilen bazı biçimler, maliyetinin daha düşük olması durumunda döküm yöntemi ile de üretilmektedirler. Sofra ve süs eşyasında, dairesel olmayan parçalar bu yolla şekillendirildiği gibi, sıhhi tesisat gereçlerinin tamamı ve bir kısım teknik seramikler bu yolla şekillendirilirler. Dökümle şekillendirme yönteminde çamur sıvı haldedir. Yaş metotla hazırlanan bu seramik çamuruna döküm çamuru denir. Boş ve dolu-boş yöntemi ile üretim için hazırlanmış olan kuru kalıplara, gerekli montaj emniyeti alındıktan sonra döküm çamuru uygun bir hız ve biçimde kalıba doldurulur.(Resim 38) Döküm çamurunun alçıya temas ettiği yüzeyden, kalıp tarafından emilerek bir et kalınlığı elde eder. İstenilen et kalınlığı elde edilinceye kadar, kalıba çamur beslemeye devam edilir. Kalınlık alma olayı zamanla doğru orantılı değildir. Döküm yapıldıktan sonraki ilk dakikalardaki kalınlık alma hızının giderek değiştiği gözlenir. İstenilen et kalınlığı elde edildiğinde kalıp ters çevrilerek içindeki sulu çamur boşaltılır ve kalıptaki oluşan ürün kurumaya bırakılır. Dolu döküm metodunda çamur boşaltma işlemi yapılmaz. Yarı mamül kalıptan çıkartılır ve rötuşlanarak pişirime gider. Alçı kalıplar her kullanımdan sonra kurutulmalıdır. İyi kullanılmış alçı kalıplar, alçının kalitesine de bağlı olarak yaklaşık 200-300 döküme dayanabilirler. Yaş iken kullanılan kalıplar çok çabuk bozulur. Kullanılan alçı kalıbın gözenek oranı emiş kabiliyeti açısından çok önemlidir. Alçı kalıpta gözenekliliği, kalıp hazırlamadaki alçı su oranı belirler. "[40]

Resim 38 : Alçı kalıpların içine döküm yapılırken.

Plastik Şekillendirme Yöntemi

" Bu yöntemde, seramik çamuru yaklaşık %20-25 rutubet içeren bir özellik taşır. Bu yolla hazırlanan seramik çamurunun mutlaka havasının alınmış olması gerekir. Çamurda sinterleşme gerekmeyen durumlarda bu havanın alınmasında çok hassas olunması gerekmeyebilir, ancak sinterleşmesi gereken çamurlarda bu hava %100'e yakın oranda vakum pres yoluyla alınmalıdır.

---

[40] Hande Kura, Endüstriyel Seramik Tasarımında Biçim ve Üretim Yöntemleri, s.107,108

Serbest Şekillendirme : Serbest şekillendirme yöntemi ile, istenilen her türlü çalışma, çamurun plastik halinde el ile şekillendirilebilmesine olanak sağlar. Bu yöntemde, hazırlanan plastik çamur plakalar şeklinde açılarak veya sucuklar şeklinde yuvarlanarak ve bu parçaları birbirine ekleyerek istenen şekil verilir. Günümüzde de bu metod güncelliğini korumaktadır. Serbest şekillendirme yöntemi genellikle sanatsal çalışmalarda yaygın olarak kullanılmaktadır.

Çömlekçi Tornasında Şekillendirme : Havası alınan çamur tornanın döner tablasına konarak merkezlenir ve maharet kazanmış eller ile simetrik şekiller verilebilir. Seramik formların ana karakterini ifade eden bir işlemdir. Seramik teknolojisinde eski dönemlerden bu güne kadar varlığını sürdüren klasik ve sürekli metotdur. Çoğunlukla çanak-çömlek gibi basit seramik ürünlerin imalatında kullanılır. (Resim 39)

Resim 39 : Çömlekçi tornası ile şekillendirme yapılırken.

El Tornasında Şekillendirme : Bu tür şekillendirmede çamurun havası alınmış olmalıdır. Nispeten otomasyon sağlanmış bir sistemdir. Üretim, alçı kalıp içine veya üzerine o forma özel hazırlanmış şablonlarla hem ezip hem kazımak suretiyle yapılır. (Resim 40) Bu tür şekillendirmeye genellikle akçini, pekişmiş çini, porselenden fincan, kase, tabak gibi çeşitli sofra eşyası üretiminde rastlanır.

Resim 40 : El şablon tornası.

Yarı Otomatik Tornalarda Şekillendirme : Genellikle üretim sayıları fazla sofra eşyasının şekillendirilmesi için kullanılır. El şablon tornasından farklı olan en önemli özelliği, şekillendirme işlemini gerçekleştiren kafanın otomatik olarak çalışmasıdır. (Resim 41)

Resim 41 : Kafalı yarı otomatik şablon tornası.

Vakum Presle Şekillendirme : Vakum Presle Şekillendirme yöntemi, öncelikle havası alınan, homojen bir rutubete getirilen çamur, dar bir ağza basılarak istenilen profilde sonsuz bant olarak çıkarılmasıdır. Kullanılan ağzın değiştirilmesiyle bu bant değişik profillerde ve kesitlerde olabilir. Bu yöntemle kıvrımlı dirsek boruları da şekillendirmek mümkün olmaktadır. Makinanın ağız kısmından önce, çamurun havasını emen bir vakum odası vardır. Böylece çamurdaki boşluklar minimuma indiği gibi, bu işlemle şekillendirilmiş çamurun piştikten sonraki mekanik dayanımının büyük ölçüde artmasını sağlar. Özellikle boy/çap oranı yüksek seramiklerin şekillendirilmesinde ve tuğla, delikli tuğla, pis su boruları teknik tüp ve çubukların vb. üretiminde kullanılan bir yöntemdir.

Yaş Presle Şekillendirme : 1950'li yılların başında uygulamaya giren Ram pres diye tanınan yüksek basınçlı pres sistemi yuvarlak olmayan biçimlerin seri üretimini sağlamıştır.(Resim 42)

Bu sistemde içinde hava kanalları olan sert alçı kalıplar arasında plastik çamur şekillendirilir. (Resim 43) Kalıplar sert alçıdan olmasına rağmen presleme sürecinde aşınmaktadır. Buna çare olarak Ram üretiminde hemen hemen sonsuz dayanımı olabilecek pişmiş kil kalıplar geliştirilmiştir. Otomatik presleme sistemleri çok verimli olup çeşitli biçimlerin yapımına imkan vermektedir. Örneğin bir saatte otomatik presle 500-2000 duvar karosu ya da her yedi dakikada bir banyo lavabosu üretilebilmektedir. Alçak gerilim elektro porselen, sofra ve süs eşyası üretiminde kullanılan bu yöntemle kiremit üretimi de yaygındır. Yaş presleme kuru preslemeden daha az basınç gerektirir. Kuru presin gerektirdiği basıncın yaklaşık % 20'si kadar. Yaş presleme yönteminde, çamurun yüksek orandaki nem içeriği nedeni ile yoğunluk düşer ve formun küçülmesi artar. "[41]

[41] Hande Kura, Endüstriyel Seramik Tasarımında Biçim ve Üretim Yöntemleri, s. 8,118,119,120,132

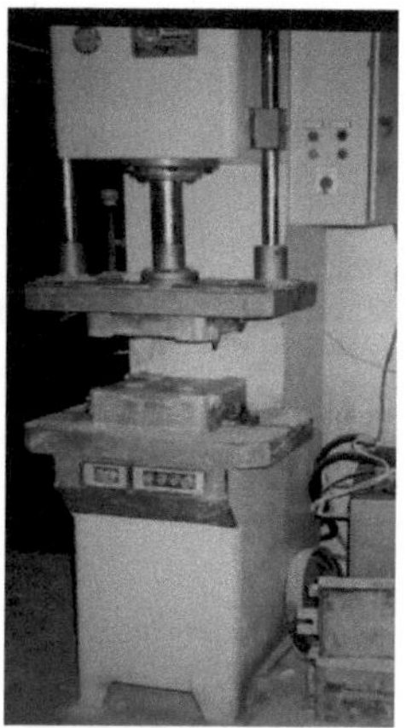

Resim 42 : Plastik çamurla şekillendirme için kullanılan basınçlı pres.

Resim 43 : Plastik şekillendirme için kullanılan pres kalıbı.

Kuru Şekillendirme Yöntemi

Presle Şekillendirme : " 20. yüzyılın sonlarında gelişen kuru preslerle düz tabakların yanı sıra köşeli ve oval tabaklarda üretilebilmektedir.

Tabak üretimindeki diğer büyük bir yenilik ise alçı kalıp kullanımını gerektirmeyen üretime hız ve kalite getiren, çeşitli biçim ve boyutlardaki tabakların şekillendirilebildiği kuru presle şekillendirme yöntemidir. Bu sistemde püskürtmeli kurutucularda elde edilen yaklaşık % 1-3 nem içeren granül çamur kalıp içine doldurulur ve preslenir. Presleyerek şekillendirme yöntemiyle dairesel ve simetrik olmayan biçimlerinde üretilmesi mümkün olmakta ancak henüz bu yöntemle derin biçimler üretilmemektedir. İki presli bu tür bir sistemle ürünlerin biçimlerine, ölçülerine ve malzemeye bağlı olarak saatte 850-950 parça şekillendirilebilmektedir. Döküm, torna ve presle şekillendirmenin birlikte yer aldığı çağdaş bir sofra seramiği fabrikasında kuru presle tabak şekillendirme toplam şekillendirmenin % 70'ini kapsamaktadır.

İzostatik Presle Şekillendirme :

İzostatik presle şekillendirme yöntemi, çok düşük rutubetli (% 1-1,5) malzemenin, özel plastik kalıplarda, hidromekanik bir presle izostatik olarak preslenmesidir. İzostatik presle şekillendirme yöntemi prensip olarak eski olmasına rağmen, uygulama için akıcı bir granül temini için püskürtmeli kurutucuların (Spray-Dry) icadını beklemek gerekmiştir. Hot İzostatik presle şekillendirme yönteminin ilk uygulaması 1950 yılı ortalarında olup, bugüne kadar uygulama sayısında büyük artışlar olmuştur. Son yıllarda geliştirilmiş olan bu pres sistemi kalıpların sert çelik metallerden yapılması yerine, dayanıklı esnek kauçuk ve sentetik malzemelerden yapılması sağlanmıştır. Esnek olan kalıp malzemesinin iç yüzeyine çok homojen bir basınç sağlanırken presleme gücü de arttırılmaktadır. Elde edilen bu iki olumlu farklılık metal preslerle presleme imkanı olmayan form ve kalitede şekillendirme imkanı yaratmıştır.

Bu yöntemde çok düşük rutubetli (%1-1,5) malzeme, plastik özel kalıplarda, hidromekanik bir presle izostatik olarak preslenmektedir. Buradan, çıkan malzeme direkt olarak sırlanabilir (bisküvi pişirimi olmadan) yani tek pişirime uygundur. "[42]

---

[42] Hande Kura, Endüstriyel Seramik Tasarımında Biçim ve Üretim Yöntemleri, s. 8,124,125

2.4.1 Sofra ve Süs Eşyasında Kullanılan Sentetik Plastikler

Sofra ve süs eşyası üretiminde silikon, döküm poliüretan, epoksi reçine, poliamid ve politetraflouretilen sentetik plastik malzemeleri kullanılır.

Silikon

Sağlamış olduğu avantajlar nedeni ile silikon, süs ve sofra eşyası üretim yöntemlerinin çoğunda kullanılmaktadır. Döküm yöntemi ile şekillendirmede, özellikle detay içeren modellerin model çalışmalarında ve teksir kalıplarında silikon kullanımı tercih edilmektedir.(Resim 44) Bu tarz çalışma aşmalarında eğer alçı kullanılırsa, bazı sorunlarla karşılaşılması kaçınılmazdır. En önemli sorun alçının esneme kabiliyeti olmadığı için genleşmeden dolayı ortaya çıkacak problemlerdir. Aynı zamanda alçının aşınma ve kırılma özelliği olduğu için zamanla detay içeren çalışmalarda olumsuzluklar yaşanabilir.

Resim 44 : Detaylı modeller.

Silikon tüm bu sorunları ortadan kaldıracak özelliklere sahiptir. Detay içeren model çalışması plastik çamur veya alçı gibi malzemelerden şekillendirilir. Yapılan model çalışması çok parçalı bir kalıp yapımını gerektiriyorsa, yapılan modelin üzerinden model kalıbı almak oldukça problemli olacaktır. Onun için yapılmış olan modelin silikondan kalıbı alınır. Alçıdan veya plastik çamurdan yapılan model kurgulanır. Silikon, kendisinden başka hiçbir malzemeye yapışmadığı için bu aşamada herhangi bir yalıtım malzemesi kullanılmaz. Katalizör ile karışımı yapılmış silikonun, karışım esnasında oluşan havaları gidermek için vakumlanır. Daha sonra silikon kalıp kurgusuna dökülür. Silikon, en küçük deliklere bile ulaşabildiğinden kalıp kurgusu sağlam yapılmalıdır. Silikon donduktan sonra kurgu açılarak model kalıp içerisinden çıkartılır. Silikonun esneme kabiliyetinden dolayı kalıp içerisine dökülecek silikon kolay çıkarılabilmesi için kalıbın bir kenarı, modelin biçimine göre kesilir. (Çizim 5) Kalıbın içi özel ayırıcı ile yalıtılır. Yukarıdaki aşamaları izleyerek hazırlanan silikon kalıp içerisine dökülür.

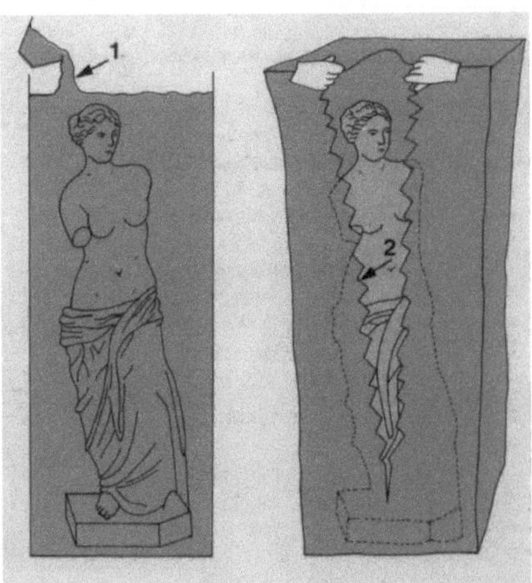

Çizim 6 : Modelin silikon kalıp içerisinden çıkartılışı.

Kalıba dökülen silikon donduktan sonra model çıkartılır. Elde edilen silikon model ile çok parçalı kalıp alma işlemi artık kolaylıkla gerçekleştirilir.(Resim 45)

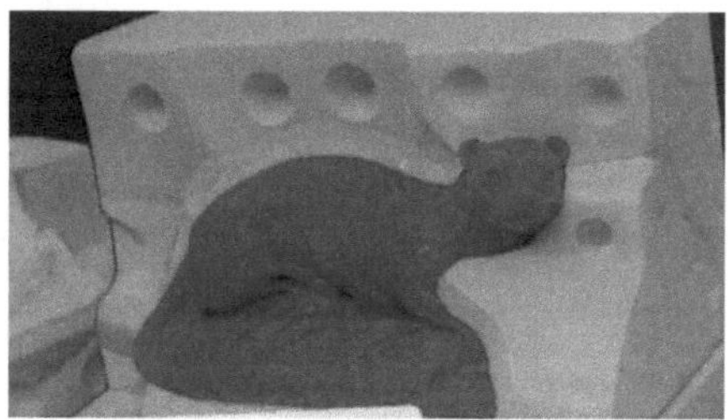

Resim 45 : Silikon model ile model kalıbının alınması.

Bazı model kalıplarının detaylı olması da silikon teksir kalıbı yapımını gerektirir. Yapılacak olan teksir kalıbının yan ceketleri genellikle alçıdan yapılır. Teksir ana parçası masif uygulama ile bütün teksirde kullanıldığı gibi ekonomik açıdan daha ucuza mal olması için sadece kalıba şekil veren bölümde yüzey döküm metodu ile silikon yapılabilir. Silikondan yapılacak teksir kalıpları için çoğu zaman, ucuz olması açısından ikinci yöntem kullanılır. Bu yöntemde yan ceketlerle beraber bulunan model kalıbının yüzeyine 2,5-3cm. kalınlığında çamur kaplanır ve bu bölümlere pimaş borular yerleştirilir. Daha sonra kurgulanarak alçı dökülür. Alçı donduktan sonra çamur çıkartılır ve teksir yüzeyine çiviler çakılır. Eğer boru kullanılmadıysa daha sonradan matkap ile sık delikler açılır ve bu deliklere de ters açılar yapılır. Model kalıbı, yan ceketler ve ana teksir parçası toplanarak, matkap ile açılan deliklerden silikon dökülür. Herhangi bir ayırıcı kullanılmaz. Silikonun herhangi bir yerden sızmaması için tüm parçalar güzelce yerli yerine konulması gerekmektedir. Dökülen silikon tüm delikleri doldurduktan sonra dökme işlemi sona ermiştir. Kimyasal yapısından kaynaklanan özelliklerinden dolayı, katalizör yardımıyla silikon donma reaksiyonuna başlar. Silikonun kimyasal yapısı, hava şartları, miktarı gibi etkenler donma süresini değiştirebilir. Fakat normal şartlarda donma reaksiyonu bir günde tamamlanmaktadır. Silikon donduktan sonra tüm parçalar açılarak gerekli rötuşlar yapılır. Tüm bu aşamalardan sonra silikon teksir kalıbı bitmiş olur.(Çizim 7)

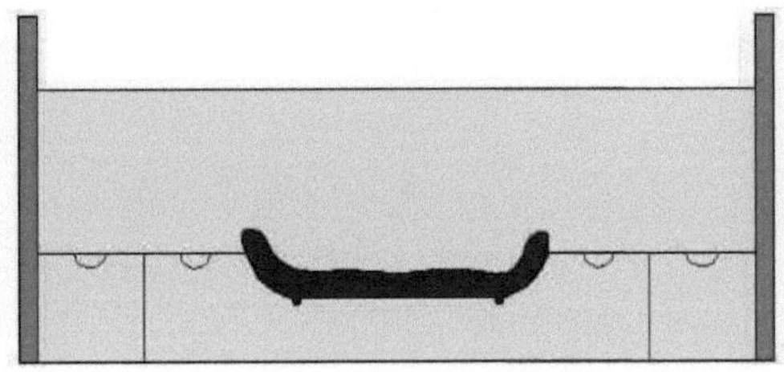

1. Aşama: Çamur konularak kalıbın alınması.

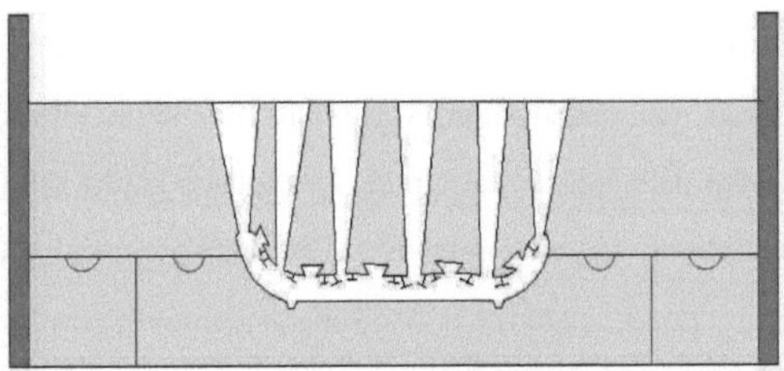

2. Aşama: Alınan kalıba ters açıların, döküm deliklerinin oluşturulması ve çivilerin çakılması.

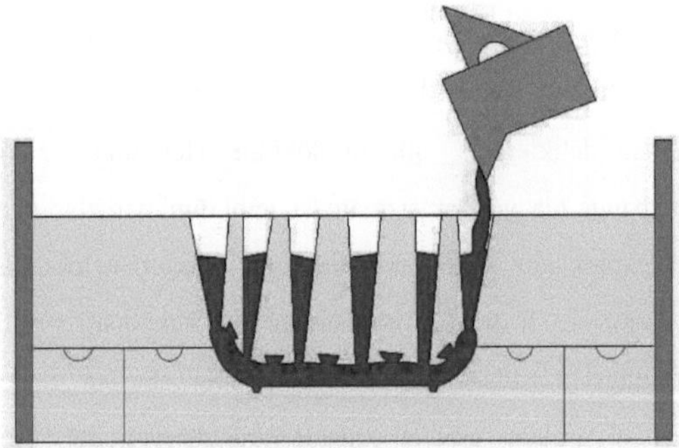

3. Aşama Hazırlanan silikonun kalıba dökülmesi.

Çizim 7 : Silikon teksir kalıbı yapım aşamaları.

Tek parça kalıp içeren detaylı modellerde bu aşamalara gerek yoktur. (Resim 46) Her hangi bir malzemeyle yapılmış olan model kurgulanarak silikon dökülür. Masif döküm metodu ile teksir kalıbı elde edilmiş olur.(Resim 47)

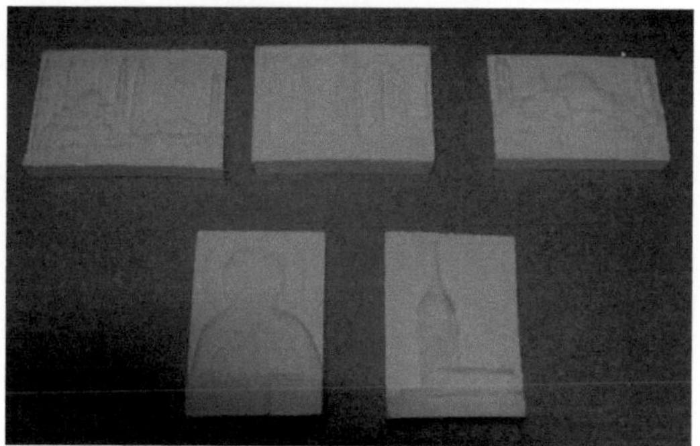

Resim 46 : Tek parça kalıp modelleri.

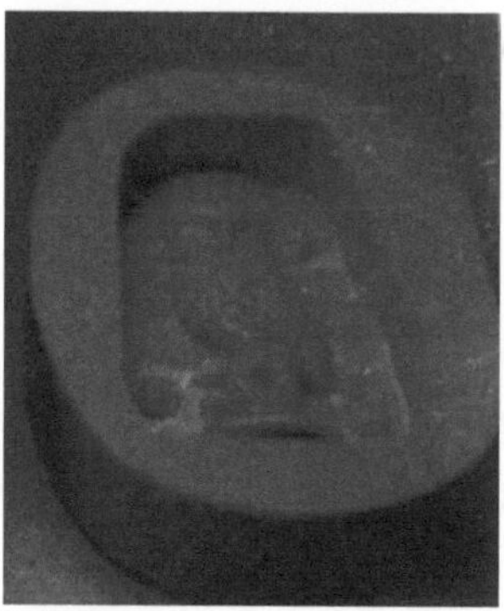

Resim 47 : Tek parça teksir kalıbı.

Aynı zaman da tabak gibi dairesel formların yan ceketleri de silikondan yapılır.(Resim 48) Bu gibi formların teksirlerinde alçının genleşmesinden dolayı alçı ceketler kırılmaktadır. Sorunu ortadan kaldırmak için silikon kullanılır.

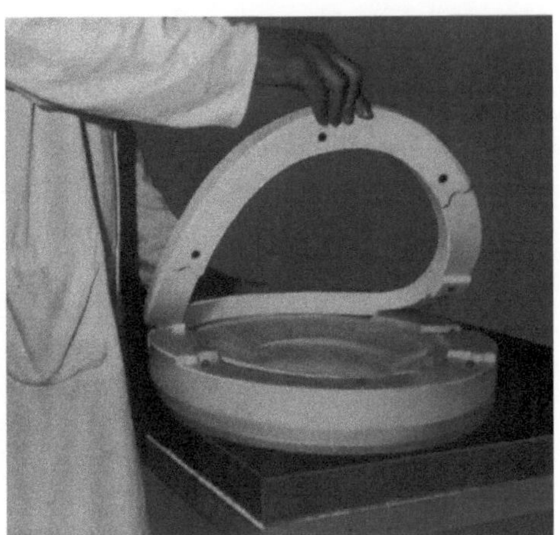

Resim 48 : Tabak teksirinde, silikon yan ceketler.

Silikon çok pahalı bir malzeme olduğu için, alçı teksir kalıplarının bazı bölümlerinde de kullanılmaktadır. Alçının genleşmesinden dolayı ortaya çıkan sorunları çözmek için riskli olan bölümler silikondan yapılır. Bu gibi teksirlerde silikon olan bölümler ana teksir parçasına ters açılar ile bağlı olduğu gibi aynı zamanda sadece yüzeyde kullanılarak yırtma silikon yöntemi de kullanılmaktadır.

Bu yöntemde daha ana teksir parçası dökülmeden model kalıbı üzerinde silikon olması istenen yüzeylere gerekli kurgulama işlemleri yapılarak silikon dökülür. Silikon donduktan sonra rötuş işlemleri yapılır ve yan ceketleri ile birlikte ana teksir parçası kurgulanır. Tüm yüzeyler arapsabunu ile yalıtılarak alçı dökülür. Alçı donduktan sonra teksir kalıbı bitmiş olur. Bu teksir kalıbında yer alan silikon bölümler ana teksir kalıbına bağlı olmadığından yırtma silikon olarak adlandırılmıştır.

Piyasada bu yöntem uygulama kolaylığından ve daha az malzeme kullanıldığından tercih edilmektedir. Özellikle kulplu formların sadece kulpları silikondan yapılmaktadır.(Resim 49)

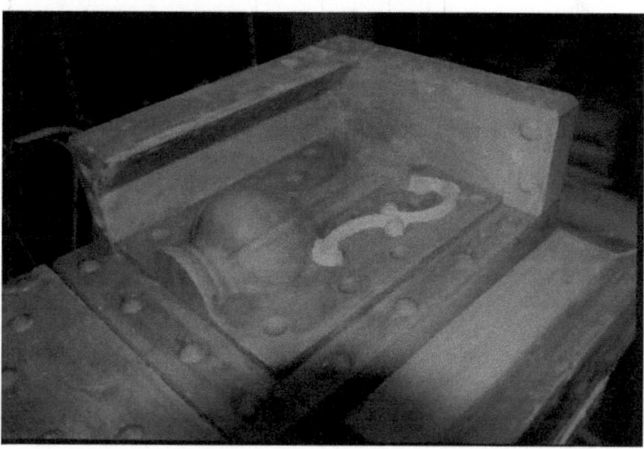

Resim 49 : Alçı teksir kalıbında sadece bir bölümünde kullanılan silikon.

Torna yönteminde özellikle rölyef içeren bardak, fincan ve kâse gibi formların teksirlerinde de silikon kullanılır.(Resim 50,51) Standart alçı teksir kalıbı yapım aşamaları takip edilerek teksirin ana parçasına alçı yerine silikon dökülür. Bu gibi teksirlerde silikon kullanılmasının en önemli nedenleri, rölyeflerin daha net olması ve iş kalıbı üretiminde iş kalıbını çıkartırken ana teksirin kırılma riskinin ortadan kaldırılmasıdır.

Resim 50 : Sadece fincan bölümü silikon teksir kalıbı.

Resim 51 : Tüm bölümü silikon teksir kalıbı.

Elde edilen silikon modeller üzerinden yarım teksir formatında, kalıp çoğaltma işlemleri de yapılmaktadır. Bu yöntemde teksir yan ceketler yer almaz. Model kalıbına silikon model yerleştirilir ve iş kalıbı üretimi için yarım teksir kalıbı kurgulanır. Gerekli yalıtım işlemleri yapıldıktan sonra içerisine alçı dökülerek kalıp çoğaltma işlemi gerçekleştirilir. (Resim 52,53)

Resim 52 : Silikon model ile yarım teksir elde edilen iş kalıpları.

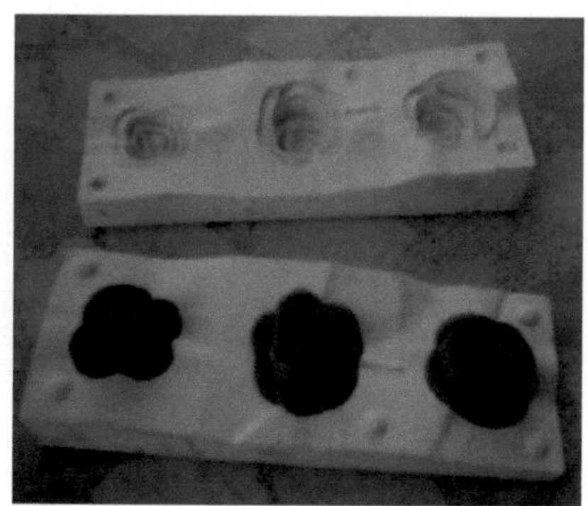

Resim 53 : Silikon model ile yarım teksir.

Döküm Poliüretan

Bu çeşit sentetik plastik malzemeler elastomerler içerisinde yer alan silikon ile aynı özelliklere sahiptir. Aralarındaki tek fark, döküm poliüretanın esneme kabiliyetinin silikona oranla daha az olmasıdır. Silikon ile aynı yapı içerdikleri için sofra ve süs eşyasındaki kullanımı, silikonun kullanımı ile aynıdır. Çok pahalı bir malzeme olduğu için, genellikle teksir kalıplarında ana parçanın kalıp yüzeyini oluşturan bölümlerde kullanılır. (Resim 54,55)

Resim 54 : Döküm poliüretan dan yapılmış kültabağı teksir kalıbı.

Resim 55 : Döküm poliüretan dan yapılmış bodrum evleri teksir kalıbı.

Ana teksir parçası dökülmeden önce poliüretan olması istenilen bölgeler 2,5cm. kalınlığında çamur ile kaplanır. Hazırlanan alçı dökülür. Alçı donduktan sonra kalıp içerisindeki çamur alınır. Teksir parçasında çamur çıkartıldıktan sonra yüzeylere çivi çakılır. Daha sonra teksirin alt bölümünden poliüretanın döküleceği delikler matkap ile açılır. Matkap deliklerinin çamur yüzeyindeki bölümlerine ters açılar verilir.

Model kalıbının gomalaklı olması gerekir. Döküm poliüretan alçıya yapıştığından model kalıbının özel ayırıcı ile iyi yalıtılması gereklidir. Hazırlanan model kalıbının yanlarına teksirin ceketleri yerleştirilir ve daha önceden hazırlanmış olan teksir ana parçası ile birleştirilir. Poliüretan karışım katalizörü ile karıştırıldıktan sonra matkap ile açılan deliklerden dökülür. Döküm poliüretanın özelliğine göre donma süreleri değişmektedir. İyi bir donma süresi genelde bir haftadır. Bu aşamalar ile döküm poliüretan teksir kalıbı hazırlanmış olur. (Resim 56)

Resim 56 : Matkap ile açılmış döküm deliklerinin gözüktüğü poliüretan dan yapılmış teksir kalıbı.

Aynı zamanda döküm poliüretan ile tek parçadan oluşan teksir kalıpları da yapmak mümkündür.(Resim 57) Fakat bu yöntem, malzemenin pahalı olmasından dolayı tercih edilmemektedir.(Resim 58) Bu yönteme masif döküm metodu denir.

Resim 57 : Tüm parçaları poliüretandan yapılmış teksir kalıbı.

Resim 58 : Sadece fincan bölümü poliüretandan yapılmış teksir kalıbı.

Alçıdan hazırlanmış olan model kalıbı, teksir kalıbı aşaması için dökülecek poliüretan sızmayacak biçimde kurgulanır. Alçı ceketler yapılmadan tek parça poliüretan teksir kalıbı, iş kalıbı üretimi açısından bazı problemler oluşturur. Dökülen iş kalıbının çoğu yüzeyi kalıp içerisinde olduğundan, iş kalıbı poliüretan teksir kalıbından zor çıkmaktadır. Bunun için genellikle teksir yan ceketleri alçıdan diğer ana teksir parçası poliüretandan yapılmaktadır. Her iki teksir aşamasında da hazırlanan kurgunun güvenli olası gereklidir. Hazırlanmış olan kurgunun içerisine poliüretan dökülür. Bir günlük bekleme süreci sonunda kurgunun açılmasıyla poliüretan teksir hazırlanmış olur.

Yaş pres ile şekillendirme yönteminde pres teksir kalıplarında da poliüretan kullanılmaktadır. Model şekillendirildikten sonra döküm ağzı olmadan modelin model kalıbı alçıdan alınır. Model kalıbının içerisinde model çıkartılır ve modeli oluşturan yüzeyin 1cm. dışarısına yuvarlak kanallar açılır. Model kalıbı iki kat gomalaklanır. Döküm poliüretan alçıya yapıştığı için özel yalıtım ile model kalıbı yalıtılır. Katalizörü ile karışımı yapılmış poliüretanın karıştırma esnasında oluşan havaların çıkması için bir süre beklendikten sonra karışım modelin tüm yüzeylerine dökülür. Geriye kalan poliüretan dişi kalıbın içerisine dökülerek kalıp parçaları birleştirilir. Oluşturulacak olan model yüzeyinde hava kalmaması için bu birleştirmeye çok dikkat edilmesi gerekir. Daha sonra kalıp işkenceler ile güzelce sıkılmalıdır. Aksi takdirde kalınlık oluşarak ölçü ayarları değişebilir. Döküm poliüretan bir günde donmaktadır fakat en iyi donma süresi bir haftadır. Poliüretan donduktan sonra kalıp içerisinden model çıkartılır ve ne kadar teksir kalıplarında model gerekiyorsa o kadar poliüretan model aynı aşamalar ile çoğaltılır. Sonraki aşamada poliüretandan elde edilen model ile pres kalıbı yapılır. Pres kalıbında gerekli işlemler tamamlandıktan sonra pres kalıbı kurgulanır. Gerekli yalıtım işlemleri yapılır ve poliüretan model pres kalıbına yerleştirilir. Hazırlanmış olan özel pres teksir alçısı dökülür. Elde edilen teksir kalıbına poliüretan model yapıştırılır ve bu aşamalardan sonra teksir kalıbı hazırlanmış olur. (Çizim 8)

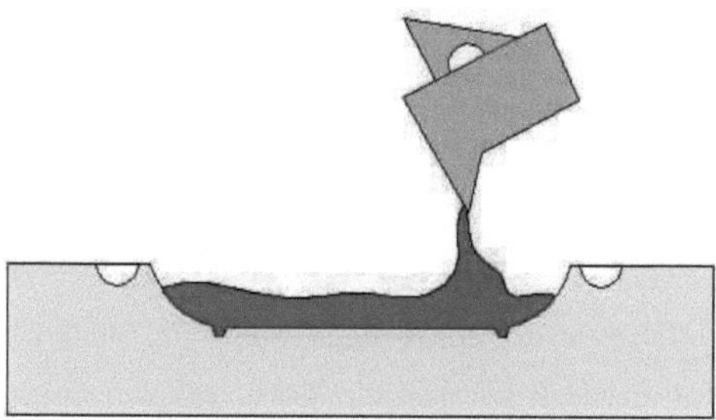

1.Aşama: Kalıba poliüretanın dökülmesi

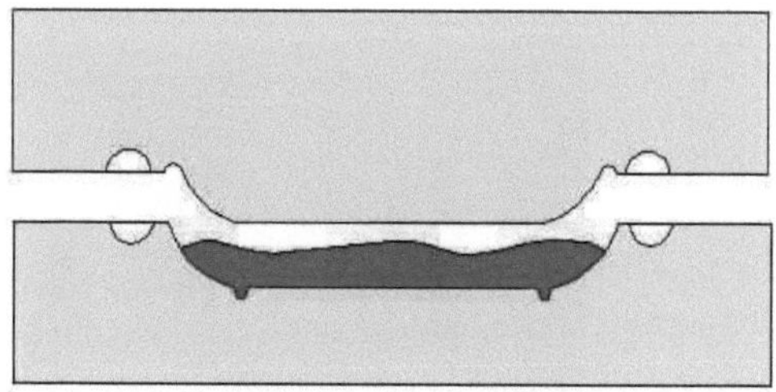

2.Aşama: Kalıbın birleştirilmesi.

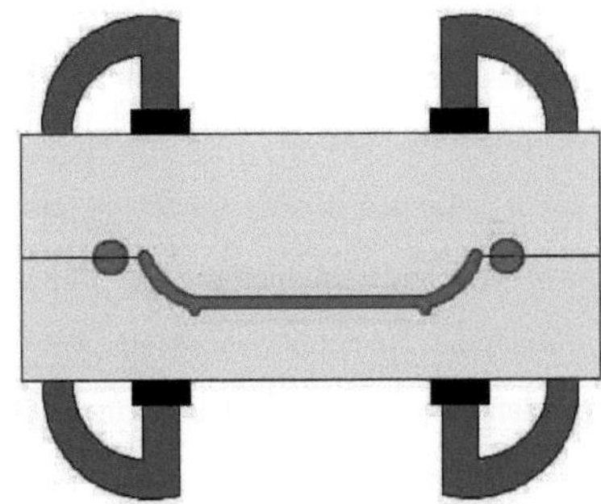

3.Aşama: Kalıbın işkenceler ile sıkılarak fazla poliüretanın dışarı atılması.

Çizim 8 : Pres teksir kalıbında kullanılmak üzere hazırlanan poliüretan model aşamaları.

Epoksi Reçine

Sofra ve süs eşyasında epoksi kullanımı, sağlık gereçlerindeki epoksi kullanımı ile aynı aşamaları izlemektedir. Teksir kalıpları dolgulu ve cam elyaflı uygulama aşamalarından meydana getirilir. Bu uygulama aşamaları sağlık gereçlerindeki kullanım aşamaları ile aynıdır. Dolgulu ve cam elyaflı uygulama metodlarının dışında, döküm ile de teksir kalıpları yapılmaktadır. (Resim 59,60)

Resim 59 : Dolgulu metod ile epoksiden yapılmış teksir kalıbı.

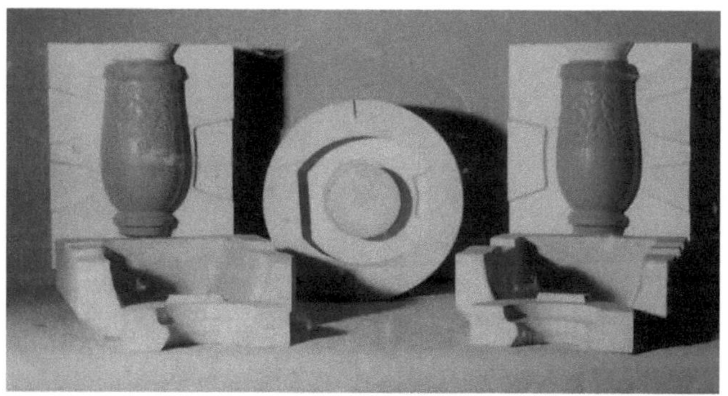

Resim 60 : Ürün verme yüzeyine uygulanmış, yüzey döküm metodu ile yapılmış epoksi teksir kalıbı.

Epoksi ürün çeşitlerinin çokluğu, yöntem olarak farklı uygulama metodlarını da paralelinde getirmiştir. Başka bir yöntem de, teksir kalıbında, model kalıbının ürün verme yüzeyini oluşturan bölümlerin epoksi ile yapılmasıdır. Bu yöntem kat uygulama ve yüzey döküm metotları ile gerçekleşir. (Çizim 9)

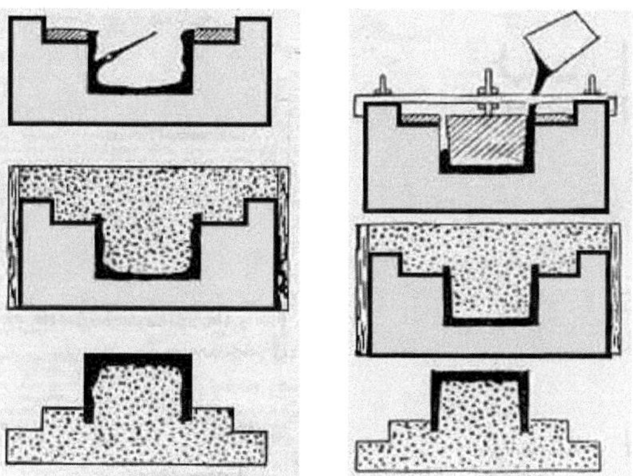

Çizim 9 : Teksir kalıbında epoksi yüzey uygulaması.

(Kat ve döküm metodu)

Epoksi pahalı bir malzeme olmasına rağmen tüm teksir parçalarında da masif döküm metodu kullanılabilir.(Resim 61,62)

Resim 61 : Tüm parçaları masif döküm metodu ile yapılmış epoksi teksir kalıbı.

Resim 62 : Tüm yüzeye uygulanmış masif döküm metodu ile yapılmış epoksi teksir kalıbına iş kalıbı üretimi için alçı dökülürken.

Poliamid ve Politetrafluoretilen

Bu tür malzemeler kestamid, poliamid, teflon, agoflon, fluon ve hostaflondan oluşmaktadır. Seramik sofra ve süs eşyası üretiminde yarı otomatik ile tam otomatik kafalı tornalarda ve teksir kalıbı yapım aşamalarında genellikle kestamid ve teflon kullanılır. Kestamid, teflona oranla daha sert bir malzemedir. Bu tür malzemeler döküm metoduna uygun değildir. Piyasada değişik ölçülerde silindir blok veya plaka halinde satılır. Mekanik işleme metodu ile şekillendirilirler.

Yarı otomatik tornalardaki üretim formatın da yer alan tüm modellerin teksir kalıplarında kestamid ve teflon kullanılmaktadır.(Resim 63,64,65,66)

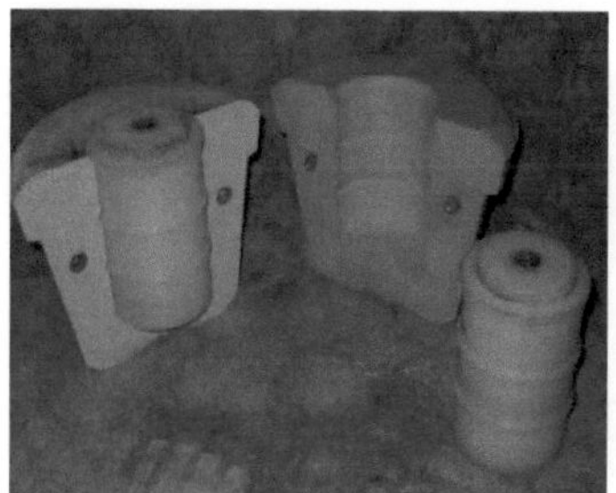

Resim 63,64 : Teflondan yapılmış bardak teksir kalıbı.

Resim 65,66 : Kestamitden yapılmış bardak teksir kalıbı.

Mekanik işlenmesinde metal torna tezgahlarından faydalanılır.(Resim 67) İyi bir yüzey sağlamak için kesici ağzı keskin ve bilenmiş olması gereklidir. (Resim 68) Mekanik şekillendirme aşamasında teflon ve vestamid bloğunun tezgaha iyi bağlanmasına dikkat edilmelidir. (Resim 69)

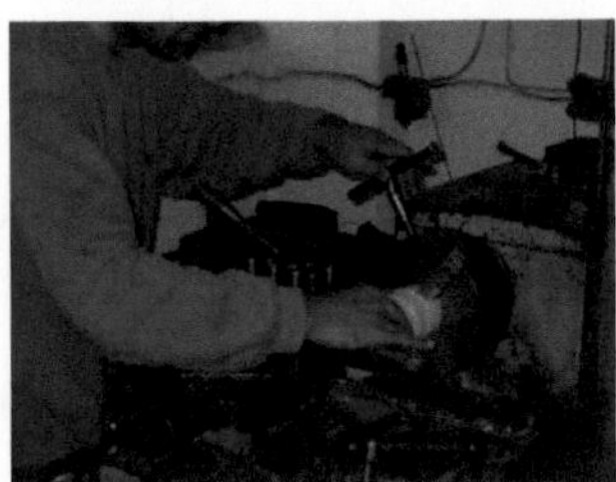

Resim 67 : Teflon modelin torna tezgahına bağlanılışı.

Resim 68 : Teflon modelin torna tezgahına bağlanmış hali.

Resim 69 : Teflon modelin torna tezgahında şekillendirilişi.

1-2.5 m/sn kesme hızı ve 0,05-0,25 mm/devir, iyi bir yüzey sağlamak için yeterlidir. Şekillendirme işlemi tamamlandıktan sonra model tornadan çıkartılarak arka tarafına kılavuz yardımı ile diş açılır. Ana teksir kalıbına bağlanabilmesi için bu işlem yapılır.(Resim 70) Diğer malzemeler ile kombine edilerek kullanılabilir.

Resim 70 : Altlarına diş açılmış, teksire bağlamaya hazır model çeşitleri.

Otomatik tornalarda ise torna kafalarında kestamid kullanılır. Bu da yukarıda anlatıldığı gibi mekanik olarak şekillendirilir.(Resim 71,72)

Resim 71,72 : Torna kafaları kestamitden yapılmış yarı otomatik tornalar.

2.5 Tuğla ve Kiremit Üretimi

İnşaat sektöründe yapının oluşmasında yoğun olarak kullanılan tuğla ve kiremit üretimi kırmızı çamurdan yapılmaktadır. Tuğla ve kiremit üretiminin yurdumuzda yaygın olmasının en önemli nedeni hammaddesinin bol miktarda bulunmasıdır. Tuğla ve kiremitin şekillendirilmesi plastik çamurdan yapılmaktadır. Kiremit çamuru tuğla çamuruna oranla daha özlüdür. Plastik çamurun nem oranı %25-30 olmalıdır. Tuğla kiremit üretiminde vakum pres ve plastik pres ile şekillendirme yapılmaktadır.

2.5.1 Tuğla ve Kiremit Üretiminde Kullanılan Sentetik Plastikler

Döküm Poliüretan

Tuğla ve kiremit üretiminde plastik pres ile yapılan şekillendirme yönteminin teksir kalıplarında kullanılmaktadır. Plastik pres ile yapılan şekillendirmede kullanılan pres kalıpları alçı ve sentetik reçineden oluşmaktadır. Alçı pres kalıpları 3000 tane üretim kapasitesine sahiptir. Bu üretim kapasitesini dolduran kalıpların yüzeyleri aşındığından kalıp içerisinde ki alçı kırılır ve poliüretandan yapılan teksir kalıbından, içerisine alçı dökülerek tekrar yenilenir. Üretim esnasında sürekli bu kalıplar değiştirildiği için teksir döküm poliüretandan yapılmaktadır. Eğer teksir kalıbı alçıdan yapılsaydı zaman içerisinde kalıp çoğaltma aşamasından kaynaklanan aşınmalar sonucunda teksirin tekrar yapılması gerekecekti. Döküm poliüretandan yapılan teksir, alçıdan yapılan teksire oranla çok daha fazla kullanım süresi sağlamaktadır.

Sentetik Reçine

Plastik pres ile şekillendirme aşamasında kullanılan pres kalıplarında sentetik reçine kullanılmaktadır. Sentetik reçine pres kalıplarının kullanılması tuğla ve kiremit üretimine çok avantajlar sağlamıştır. Üretim aşamasında sentetik reçine kullanılmasıyla ürün kalitesi artmış ve kalıp kullanım süresi uzamış ve üretim hızlanmıştır. Üretim esnasında kalıp değiştirme gereği olmadığı için sentetik reçine kalıplar ile bir günde 8000 adet üretim yapılmaktadır. Kullanılan sentetik reçinenin aşınma katsayısı çok az olduğundan alçı kalıba oranla çok daha fazla süre kullanılmaktadır. Kullanılan sentetik reçinenin kimyasal yapısı saklı tutulmaktadır. Özellikleri kauçuğa benzediğinden tuğla ve kiremit üretimi yapan firmalarda kauçuk kalıp denilmektedir.

III.BÖLÜM

3. SERAMİK KALIP ve ÜRETİM TEKNOLOJİSİNDE SENTETİK PLASTİK KULLANIMININ AVANTAJ ve DEZAVANTAJLARI

Sentetik plastik malzemelerin seramik endüstrisindeki kullanımına değindikten sonra bu bölümde karşılaştırılmalı avantaj ve dezavantajlar anlatılarak, sentetik malzeme seçimini belirleyen etkenler değerlendirilecektir.

Sentetik plastiklerin özellikleri diğer malzemelere oranla daha önemlidir. Sentetik plastik malzemenin özelliklerinin çokluğu her alanda kullanılmasına olanak sağlamıştır. Seramik endüstrisindeki kullanımı da bu özelliklerden kaynaklanmaktadır. Sentetik plastik çeşitleri, diğer malzemelere göre daha fazladır. Kullanımına göre her çeşit plastik malzemenin, kendi özelliklerinden dolayı birçok avantajlar oluşur.

Sentetik plastik malzemelerin avantajlarının yanı sıra az da olsa dezavantajları vardır. Sentetik plastiğin fiziksel ve kimyasal özelliği, uygulanacağı biçimin özelliği ve hangi aşamada kullanılacağı gibi etkenler malzeme seçimini belirleyen etkenlerdir.

3.1 Endüstriyel Seramikte Alçı ve Sentetik Plastik Kullanımının Avantaj ve Dezavantajları

Endüstriyel seramik kalıp teknolojisinde kullanılan alçıya oranla, sentetik plastiklerin daha olumlu özellikleri vardır. Bu da plastik kullanımını avantajlı hale getirmiştir. Ayrıca alçının dezavantajları da sentetik plastik kullanımını etkileyen önemli faktörlerdendir.

Sentetik plastik kullanımının bilinen tek dezavantajı, kalıp ve üretim teknolojisindeki kullanımına göre maliyetinin yüksek olmasıdır. Aslında bu dezavantaj değildir. Üretim zamanının uzaması bu dezavantajı kaldıran en önemli nedendir.

Seramik endüstrisinin vazgeçilmez malzemesi olarak bildiğimiz alçı, sentetik plastiklerin avantajları sayesinde yerini yavaş yavaş bu malzemelere bırakmaktadır.

Teksir kalıplarında kullanılan sentetik plastiklerin, alçıya oranla avantajları :

* Fiziksel ve kimyasal dayanımı yüksek olmasından dolayı daha fazla iş kalıbı üretimi gerçekleşir.

* Yüzey kalitesinin iyi olmasından dolayı, daha kolay ve temiz iş kalıbı üretimi elde edilir.

* Yüzey aşınmasının çok az olmasından dolayı, ölçü stabilitesi uzun süre korunmuş olur.

Teksir kalıplarında kullanılan sentetik plastiklerin, alçıya oranla dezavantajları :

* Teksir kalıbı yapım aşamalarının süre ve teknik olarak uzun olması.

* Kalıp ve üretim teknolojisindeki kullanımına göre, ekonomik açıdan pahalı olması.

Fakat bu son dezavantaj, sentetik plastiklerin kullanım sürelerinin uzun olması göz önüne alındığında, alçıya oranla avantaj olarak karşımıza çıkar.

Sentetik plastiklerin basınçlı döküm sisteminde, üretim kalıplarında kullanımının alçı kalıplara oranla avantajları:

* Daha dayanıklı olduğu için ve otomatik sisteminden dolayı, çok ürün verme kapasitesine sahiptir.

* Ürün yüzeylerini daha temiz çıkartır.

* Aşınması olamadığından ürün ölçü toleransları sabittir.

* Üretilen yarı mamule daha az rotüş işlemi yapılır.

* Üretimden kaynaklanan hatalar daha az olur.

* Daha az insan gücüne ihtiyaç duyulur.

* Sisteminden kaynaklanan kolaylıklar ile daha çabuk ürün değiştirme gerçekleşir.

* Enerji tasarrufu sağlar.

* Üretim kalıpları için daha az stok alanı gerekir.

* Üretim sistemi olarak işletmede daha az yer kaplar.

* Üretilen ürün daha kompakt bir yapıya sahip olduğundan, diğer üretimlere göre daha sağlam ürün üretimi yapar.

Sentetik plastiklerin basınçlı döküm sisteminde üretim kalıplarında kullanımının alçı kalıplara oranla dezavantajları:

* Sistem olarak daha pahalı olması.

* Sentetik plastik kalıplarının ithal edilmesi. (Türkiye için)

* Üretimde yer alan modelin pazarlama süresinin az olmasından dolayı sistemin sürekli aktif olarak çalışamama riskinin bulunması.

Sentetik plastik malzemelerin basınçlı döküm sisteminde, alçıya oranla avantajlı olmasının en önemli nedeni de alçının dezavantajlarıdır:

* Alçının dayanımı azdır.

* Üretim esnasında çok kalıplara ihtiyaç vardır.

* Alçıdan çıkan ürünün daha fazla kuruma süresine ihtiyacı vardır.

* Alçı kalıp stok alanlarına ihtiyaç vardır.(Resim 73)

Resim 73 : Alçı stok alanları.

* Kalıpların yok edilme problemi vardır.
* Üretim sistemi için işletme içerisinde daha geniş bir alana gerek vardır.
* Daha fazla zaman ve insan gücüne ihtiyaç vardır.
* Kalıpların kuruması içinde zaman ve enerjiye ihtiyaç vardır.

3.1.1 Endüstriyel Seramikte Alçının Kullanılmasının Nedenleri

Alçı doğada alçı taşı olarak bulunmaktadır. Doğadan bu şekliyle alınan alçı, fabrikalarda bir takım işlemlerden geçirildikten sonra seramik endüstrisinde kullanılan alçı elde edilir.

Alçının Özellikleri :

* Kolay şekillendirilebilme özelliği,
* Su emme özelliği,
* Genleşme özelliği,
* Kalıp tekniklerin de kolay uygulanabilmesi,
* Doğada bol miktarda bulunduğundan dolayı ucuz bir malzeme oluşu.

" Genelde kullanılan alçılar, Alfa alçı ve Beta alçı diye iki gruba ayrılırlar.

Alfa Alçı : Normal alçıdan farklı kristal yapıda, kıvamı daha az su buharı basıncı altında kalsine edilmiş alçıdır. Daha az su emme gücü olan, mukavemeti yüksek bir alçıdır. Teksir kalıbı yapımı için uygundur.

Beta Alçı : Atmosfer basıncı altında kalsine edilmiştir. Kristal yapısı son derece düzensizdir. Bundan dolayı gerekli alçı kıvamını elde etmek için daha fazla suya ihtiyaç vardır. Su emme gücü yüksek, ancak mukavemeti alfa alçıya oranla daha düşüktür. İş kalıbı üretiminde kullanılır. " [43]

3.1.2 Endüstriyel Seramikte Sentetik Plastiklerin Kullanılmasının Nedenleri

Sentetik plastiklerin mikro yapısı polimerlerden oluşmaktadır. Polimerleşme reaksiyonu sonucunda oluşan polimerler, o malzemenin özelliklerini oluşturmaktadır. Sentetik plastiklerin kullanılmasını belirleyen birçok neden vardır. En önemli neden malzemenin özellikleridir. Biçimin özellikleri, sentetik plastiğin hangi aşamada kullanılacağı, ekonomik etkenler ve üretim kapasitesi de sentetik plastik kullanımı nedenleri içerisinde yer alır.

Sentetik plastik kullanımının nedenleri :

* Aşınma katsayısının az olması,

* Uzun ömürlü olması,

* Üretim kalitesini arttırması,

---

[43] İsmail Alkan, Eczacıbaşı Vitra Rotasyon ve iş başı eğitim notları (Sınırlı basım), İstanbul, 1991

* Daha fazla ürün vermesi,

* Uzun vade de maliyetleri azaltması,

* Esneme kabiliyetinin olması,

* Silikon, epoksi reçine ve döküm poliüretan hariç diğer sentetik plastiklerin nem ve rutubetten etkilenmemesi,

* Deformasyona ve boyutsal değişikliklere uğramamsı,

* Darbelere karşı dayanıklı olması.

3.2 Seramik Endüstrisinde Sentetik Plastik Kullanımını Belirleyen Etkenler

Sentetik plastik kullanımını belirleyen etkenler vardır. Zaten endüstriyel seramik üretiminde kullanımı da, bu nedenlerden dolayı ortaya çıkmıştır. Alçıya oranla daha fazla ve etkin özelliklere sahip olan sentetik plastiklerin kullanımını belirleyen etkenler şunlardır :

- Sentetik plastik malzemenin özellikleri.
- Modelin ve kalıbın biçim özellikleri.
- Sentetik plastiğin hangi aşamada kullanıldığı.
- Ekonomik özellikler.

Sentetik plastik malzemenin özellileri, kullanımı belirleyen en önemli kriterleri oluşturur. Özelliklerin hepsi birer kriter niteliği taşımaktadır.

Malzemenin boyutsal çekmesi minimumda veya hiç olamaması tercih edilir. Eğer boyutsal çekmesi yüksek ise çalışmadaki ölçüler değişir ve yapılan çalışma hatalı olur.

Seramik endüstrisinde kalıpların ağırlığı üretim esnasında daha fazla enerji harcanmasına sebep olur. Bu nedenle kullanılacak olan sentetik plastiğin özgül ağırlığının düşük olması istenir.

Malzemenin viskozitesi, uygulama aşamasında problem çıkarmayacak değerler sahip olmalıdır. Viskozite değerini etkileyen en önemli unsur malzemenin karışım oranıdır. Karışım oranları hassas bir şekilde tartılıp konulmalıdır.

Kullanılan malzemenin donma süresi, bilinmesi gerekilen başka bir kriterdir. Aksi halde yapılan çalışma daha erken bir sürede açılırsa çalışma bozulur ve tekrar yapılması gerekir.

Renklendirme aşamasında hangi boya maddelerinin kullanılacağı, malzeme özelliklerinde bilinmesi gereken başka bir noktadır.

Malzemenin sertliği, seramik endüstrisindeki kullanım aşamalarında çok önemli bir yeri vardır. Sentetik plastik malzemenin sertliği yapılacak olan çalışmaya göre belirlenir. Malzemelerin sertlik dereceleri shoremetre ile ölçülür. (Resim 74,75)

Resim 74 : Shoremetre

Shore sertlik değerleri 0-100 arasındadır. En sert malzeme 100, en elastik malzeme ise 0'dır. Genellikle döküm poliüretan çeşitleri 20-70 shore sertlik derecelerine sahiptir. Silikon 0-20, eposi reçine ise 50-100 shore sertlik dereceleri arasında yer alır.

Malzemenin ısıya dayanımı, alçının donma reaksiyonu esnasında meydana getirdiği ısı ve yapılan üretim aşamasında sürtünmeden dolayı meydana gelen ısı değerlerinin üzerinde olmalıdır.

Kullanılan sentetik plastik mutlaka dış etkenlerden kaynaklanan darbelere dayanıklı olmalıdır. Sentetik plastik malzemenin zımparalanabilirliği, gerekli rotüş işlemlerine olanak sağlar. Malzemenin zımparalanabilir olması tercih edilen başka bir özelliktir.

Kullanılacak sentetik plastik malzemelerin hangi kimyasallara dayanıp dayanmadığı mutlaka bilinmelidir.

Malzemenin kolay uygulanabilirliği, uygulama aşamasında önemlidir. Kullanılacak olan malzemenin hangi ortamlarda ve nasıl deformasyona uğradığı bilinip, yapılan çalışmanın ona göre muhafaza edilmesi gerekmektedir.

Sentetik plastik malzemelerin özeliklerinin hepsi malzeme kullanımını belirleyen etkenlerdir. Bu kriterlere uyulmadığı takdirde sonuca ulaşmak oldukça zordur ve daha sonraki zamanlarda problemlerle karşılaşılması kaçınılmazdır. (Şema 6)

Sentetik Plastik Malzemenin Özellikleri

* Boyutsal çekme
* Özgül ağırlığı
* Uygulama süresi
* Viskozitesi
* Karışım oranları
* Donma süresi
* Renklendirilebilirliği
* Esneme mukavemeti
* Gerilme dayanıklılığı
* Yırtılma dayanıklılığı
* Kopma uzaması
* Sertliği
* Isıya dayanımı
* Darbelere dayanımı
* Zımparalanabilirliği
* Kimyasallara dayanımı
* Kolay uygulanabilirliği
* Deformasyonu

Şema 6: Sentetik plastik malzemenin özellikleri.

Sentetik plastik malzemenin uygulanacağı biçimin özellikleri de malzeme kullanımını belirleyen kriterleri oluşturur. Biçimin detaylı olması, elastomerler grubu içerisinde yer alan silikon ve döküm poliüretanın kullanılmasını gerektirir. Silikon ve döküm poliüretan en uç noktalara kadar ulaşabildiğinden ve esneme kabiliyeti olduğundan dolayı detaylı biçimlerde tercih edilir.

Biçimin geometrik yapısı da malzeme kullanımını belirler. Derin teksir kalıplarında biçim eğer köşeli ise silikon veya döküm poliüretandan, yuvarlak ise epoksi kullanımı tercih edilir. Alçının genleşmesinden kaynaklanan sorunlar sonucunda bu malzemeler tercih edilmiştir. (Şema 7)

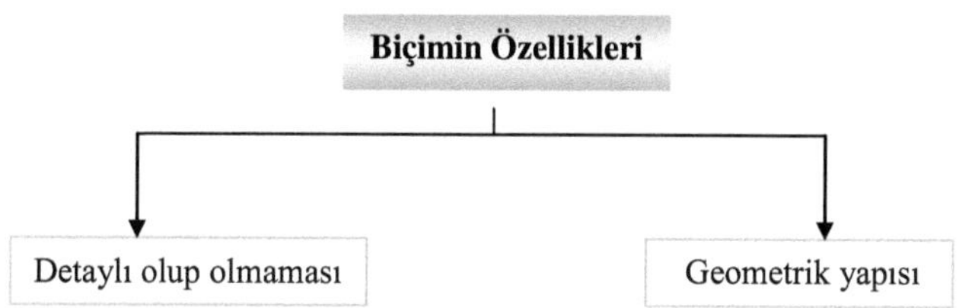

Şema 7: Sentetik plastik malzemenin uygulanacağı biçimin fiziksel özellikleri.

Sentetik plastik malzemenin hangi aşamada kullanılacağı, kullanımı belirleyen başka bir kriterdir. (Şema 8)

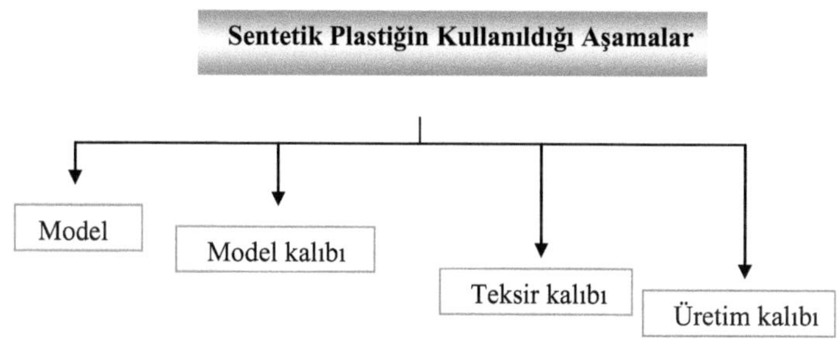

Şema 8: Seramik endüstrisinde sentetik plastik malzemenin kullanıldığı aşamalar.

Sentetik plastik malzeme kullanımında ki ekonomik etkenler üçe ayrılır. Bu maliyetler ekonomik açıdan malzeme kullanımını belirler.

Şema 9: Sentetik plastik kullanımındaki ekonomik etkenler.

Malzeme kullanımını belirleyen etkenlerin çoğu, alçının dezavantajları sonucunda oluşmaktadır. Alçının aşınması, genleşmesi ve kırılganlığı gibi olumsuz özellikler sentetik malzeme kullanımını gerektirmiştir.

3.3 Sentetik Plastik Malzeme Kullanımında Dikkat Edilmesi Gereken Noktalar

Her türlü malzemede olduğu gibi, sentetik malzeme kullanımında da bazı kriterler vardır. Kullanım aşamalarına dikkat edilmediği taktirde hem yapılan çalışmaya hem de kişiye zarar veren sonuçlar ortaya çıkabilir. Sentetik plastik malzeme kullanımındaki dikkat edilmesi gereken unsurlar şunlardır :

1- Sentetik plastik kullanımı sırasında, yapılan çalışma aşamasında dikkat edilmesi gereken noktalar :

* Kurgunun çok sağlam ve güvenli yapılması gerekir.

* Yalıtım gerekli olan çalışmalarda mutlaka yalıtım yapılmalıdır.

* Yapılan iş üzerindeki tüm çalışmalar yapıldıktan sonra kurgulanmalıdır.

* Sentetik plastiğin alçıya tutuculuğunu sağlamlaştırmak için ters açıları, çivilerin veya tel kafeslerin yeterli olması gerekir.

* Dökülecek olan sentetik plastiğin miktarı iyi hesaplanarak, bir kere de dökülmesi gerekir.

2- Sentetik plastiğin hazırlanması aşamasında dikkat edilmesi gereken noktalar :

* Karışım oranları hassas bir şekilde ölçülüp konulmalı.
* Karışım homojen bir şekilde yapılmalı.
* Karışım tamamlandıktan sonra, havası alınması gereken sentetik plastiklerin havalarının vakum ile alınması.
* Uygulama süresi içerisinde karışımın dökülmesi.
* Renklendirilmesi gerekiyorsa karışım esnasında renklendirilmesi.
* Kullanılan sentetik plastik için karışımı, istenilen hava şartları ve aşamalarında yapılması gerekir.

3- Sentetik malzeme kullanımı esnasında kişinin alacağı güvenlik önlemler :

* Koruyucu gözlük kullanılmalı.
* İş eldiveni kullanılmalı.
* Cilde bulaşan maddeler hemen temizlenmeli.
* Dökülen veya damlayan reçine ve sertleştiriciler hemen temizlenmeli.
* Koruyucu krem vb. malzemeler kullanılmalı.
* Reçine veya sertleştirici ile kirlenmiş giysiler değiştirilmeli.
* Çalışma alanı havalandırılmalı.
* Çalışma ortamında sigara içilmemeli ve ateş yakılmamalı.

Bütün üretim yöntemleri teksir kalıbı aşamalarında , sentetik plastik kullanımına başlamadan önce, yapılmış olan model kalıbı yapılacak olan üretim denemelerinden sorunsuz olarak geçmesi gerekmektedir. Aksi takdirde daha sonra oluşacak olan hataların düzeltilmesi oldukça zor olur.

Kullanılacak sentetik plastik malzemelerin değişik sertliklerde çeşitleri bulunmaktadır. Kullanılacağı aşama ve amacına göre istenilen sertlik derecesi önceden belirlenmelidir.

Sentetik plastik malzeme kullanımından yeterli ve doğru sonucu alabilmemiz için bu noktalara çok dikkat edilmesi gerekir.

SONUÇ

18. yüzyıl başlarında bulunan ilk sentetik plastikler günümüze kadar büyük bir gelişme kaydetmiştir. Kimyasal reaksiyonundan kaynaklanan polimer yapı içeren sentetik plastikler, teknolojik gelişmenin paralelinde ilerlemiş, endüstriyel alanda kullanımını genişletmiştir.

Endüstri devriminden sonra toplumsal taleplerin artması ile daha hızlı ve daha kaliteli ürün üretmek için birçok farklı sentetik plastikler kullanılmıştır.

Sentetik plastikler seramik endüstrisinde de yoğun olarak kullanılmaktadır. Endüstriyel seramik üretimlerinde karşılaşılan problemler sentetik plastik kullanımını yaygınlaştırmıştır.

Endüstriyel seramik üretiminde en önemli aşamalar, model, model kalıbı, teksir kalıbı ve üretim kalıbı yapım aşamalarıdır. Bu süreçlerde kullanılan ana malzeme alçıdır. Alçının bazı dezavantajları, sentetik malzeme kullanımını gerektirmiştir. Sağlık gereçleri üretimde, sentetik plastik teksir kalıplarından iyi kullanım ile sonsuz iş kalıbı alınırken, alçı teksir kalıplarından 50-100 adet iş kalıbı üretilmektedir. Aynı zamanda basınçlı döküm sistemlerinde kullanılan sentetik reçine kalıplarından bir ürün 10-12 dakikada istenilen kalınlığı alırken, alçı kalıplarda 60-70 dakikada almaktadır. Sentetik reçine kalıbı ile bir günde 50-70 adet ürün verirken, alçı kalıp 3 adet ürün vermektedir.

Bu gibi birçok avantajlar sağlayan sentetik plastikler endüstriyel seramik kalıp ve üretim teknolojisinde yerini almıştır.

Bilgisayar teknolojisinin ilerlemesi ile, artık sanal ortamda model, model kalıbı ve teksir kalıpları çizilerek üç boyutlu modelleme printerları ile sonuca daha çabuk ulaşmak mümkün olmaktadır. Üç boyutlu printer şekillendirme aşamasında kullanılan malzeme de, plastik toz bazlı sentetik reçinelerdir. Bu teknolojik gelişme ile birlikte model şekillendirme süresi oldukça kısalmıştır. Bu sistemde bir model ortalama dört saatte şekillendirilir.

Sentetik plastik malzemelerin çok avantajları olmasına rağmen, bu malzemelerin kullanımını tehdit eden en önemli unsur, moda ve trendlerin çabuk değişmesidir. Ürünün pazarlama kapasitesi düşük olduğunda, sentetik plastik malzemelerin pahalı olması ve kullanım aşamalarının uzun olması bu malzemelerin kullanımını zorlaştırmaktadır. Sentetik plastik malzemelerin pahalı olmasının en önemli nedeni, halen Türkiye'de üretilmemesinden kaynaklanmaktadır.

Basınçlı döküm sistemlerinde kullanılan sentetik reçine kalıplar tüm endüstriyel seramik üretiminde kullanılabilme özelliğine sahiptir. Sentetik plastiklerin tek dezavantajı sistem ve malzeme olarak pahalı olmasıdır. Zaman açısından üretim kapasitesine bakıldığında bu bir dezavantaj olmaktan çıkıp bir avantaja dönüşür. Alçı yerini yavaş yavaş sentetik plastiklere bırakmaktadır. Belki de gelecekte hiç alçı kullanılmayacak. Sentetik plastik malzemeler, fiziksel ve kimyasal özellikleri ile geleceğin en önemli malzemesi olmaya adaydır.

Alçının malzeme olarak ucuz olmasına rağmen sentetik plastik malzeme kullanımı, sağladığı avantajlar nedeni ile büyük sektörlerde tercih edilmekte ve yoğun olarak kullanılmaktadır. Sektör olarak kullanımı orta ve küçük ölçekli işletmelerde de hızla artmaktadır.

KAYNAKLAR :

AKMAN M. Süheyl, **Yapı Malzemeleri**, İ.T.Ü. İnşaat Fakültesi Yayını, 1987

AKOVALI,G., **Polimerik İleri Malzemeler** , Metalurji, cilt:20, sayı 104, 1996
Tüzün

ASLAN Ahmet, **Malzeme Bilimi**, İ.T.Ü. Mühendislik Fakültesi Yayını, 1999

ATA Mustafa, **Sentetik Plastik Malzemeler, Biçimlendirme Yöntemleri, Sanatta Kullanımı**, İstanbul Devlet Güzel Sanatlar Akademisi Yayını, 1978

BERKEM Ali Rıza, **Kimya Tarihine Toplu Bir Bakış**, Türkiye Kimya Derneği Yayınları, No: 12, İstanbul, 1996, s. 54

TÜZÜN Celal, **Organik Kimya**, Palme Yayıncılık, ,s. 81, Ankara 1999

TANIŞAN H.Hüseyin - Mete Zeliha (1986), **Seramik Teknolojisi ve Uygulaması**, İzmir

DERGİ

PEKİN Hasan B., **Timder Dergisi**, Nihai Tüketici Açısından Vitrifiye Sektötünde Klasik ve Basınçlı Döküm Teknikleri Arasındaki Farklar, Makale, sayı 37, 2001

KATALOG

Netzch Technische İnformation SK 005, **Tanıtım Kataloğu**,1997, Almanya

TEZ

DÖNMEZ Güner, **Seramik Sıhhi Tesisat Gereçlerinin Gelişim Süresi İçinde Karşılaştırmalı Üretim Sistemleri**, Yayınlanmamış, Mimar Sinan Üniversitesi Yüksek Lisans Tezi, İstanbul, 2001

KURA Hande, **Endüstriyel Seramik Tasarımında Biçim ve Üretim Yöntemleri**, Yayınlanmamış, Mimar Sinan Üniversitesi Sanatta Yeterlilik Eser Çalışması, İstanbul,1989

WEB

www.**alda**.com.tr

www.**bayer**.com.tr

www.**cankarplastik**.com

www.**geocities**.com

www.**gül-birfaz**.com.tr

www.**kaliteas**.com.tr

www.**polikim**.com

www.**sozluk**.com.tr

www.**tuncel**.com.tr

DİĞER

KASAP İbrahim, **Kale-Roca iş talimatı raporları**

ÖZDEN Bülent, **Eğitim Notları**,Çanakkale,2002

GÖRÜŞMELER :

Arifoğlu Rıdvan ile Görüşme, **Poliya Poliester Üretim Müdürü** , (03.05.2003)

Aydın Nihal ile Görüşme, **Eker Kimya Satış Sorumlusu**, (20.04.2003)

Demir Hakan ile Görüşme, **Kale Kalıp Kalıp Hazırlama İşletme Şefi**, (15.05.2003)

Adem Duman ile Görüşme, **Vantico Üretim Şefi**, (05.05.2003)

Ekin İsmail ile Görüşme, **Kale-Roca Seramik Sağlık Gereçleri Alçı Kalıp Şefi**, (10.05.2003)

Göbek Yasin ile Görüşme, **Mekan Tuğla Toprak San. Tic. A.Ş. İşletme Müdürü**, (07.12.2003)

Özden Bülent ile Görüşme, **Kale-Roca Seramik Sağlık Gereçleri İşletme Müdürü**, (10.05.2003)

Yılmaz Kaan ile Görüşme, **Elpo Kimya İşletme Müdürü**, (16.04.2003)

Printed by Books on Demand GmbH, Norderstedt / Germany